LIFE CYCLES
生命周期

食物鏈
FOOD CHAINS

U0014387

小學生的
STEM科學研究室
生物篇
Biology for Curious Kids

WORLD WONDERS
世界奇觀

THE HUMAN BODY
人體

HABITATS
棲地

蘿拉・貝克 Laura Baker 著　　艾力克斯・佛斯特 Alex Foster 繪

蕭秀姍 譯

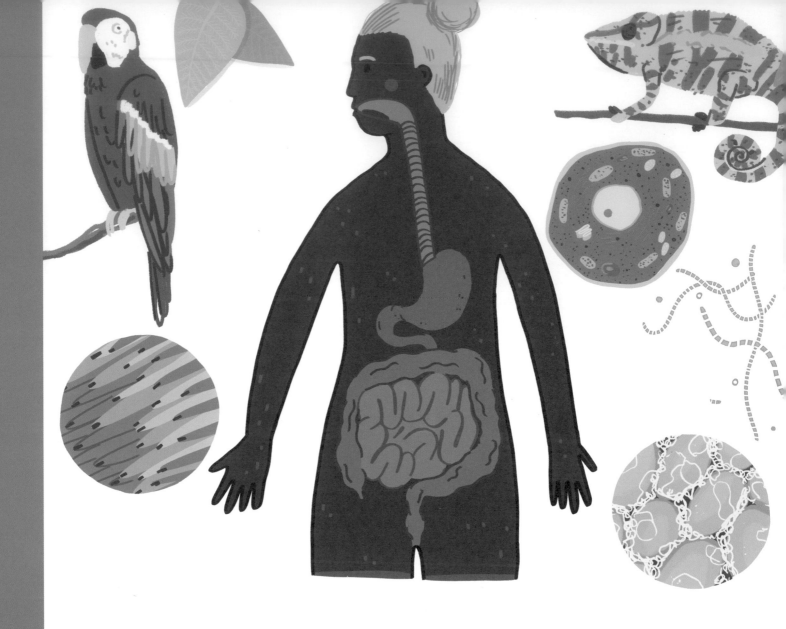

商周教育館 51

小學生的 STEM 科學研究室：生物篇

作者——蘿拉‧貝克（Laura Baker）
譯者——蕭秀姍
企劃選書——羅珮芳
責任編輯——羅珮芳
版權——吳亭儀、江欣瑜
行銷業務——周佑潔、黃崇華、賴玉嵐
總編輯——黃靖卉
總經理——彭之琬
事業群總經理——黃淑貞

發行人——何飛鵬
法律顧問——元禾法律事務所王子文律師
出版——商周出版
台北市 104 民生東路二段 141 號 9 樓
電話：(02) 25007008‧傳真：(02)25007759
發行——英屬蓋曼群島商家庭傳媒股份有限公司城邦分公司
台北市中山區民生東路二段 141 號 2 樓
書虫客服服務專線：02-25007718；25007719
服務時間：週一至週五上午 09:30-12:00；下午 13:30-17:00
24 小時傳真專線：02-25001990；25001991
劃撥帳號：19863813；戶名：書虫股份有限公司
讀者服務信箱：service@readingclub.com.tw
城邦讀書花園：www.cite.com.tw
香港發行所——城邦（香港）出版集團
香港灣仔駱克道 193 號東超商業中心 1F
電話：(852) 25086231‧傳真：(852) 25789337
E-mail: hkcite@biznetvigator.com

馬新發行所——城邦（馬新）出版集團【Cite (M) Sdn Bhd】
41, Jalan Radin Anum, Bandar Baru Sri Petaling,
57000 Kuala Lumpur, Malaysia.
電話：(603) 90563833‧傳真：(603) 90576622
Email: service@cite.com.my

封面設計——林曉涵
內頁排版——陳健美
印刷——韋懋實業有限公司
經銷——聯合發行股份有限公司
電話：(02)2917-8022‧傳真：(02)2911-0053
地址：新北市 231 新店區寶橋路 235 巷 6 弄 6 號 2 樓

初版——2022 年 2 月 10 日初版
初版——2023 年 1 月 3 日初版 3.3 刷
定價——480 元
ISBN——978-626-318-122-9

國家圖書館出版品預行編目（CIP）資料

小學生的 STEM 科學研究室:生物篇／蘿拉‧貝克(Laura
Baker）著；蕭秀姍譯 . -- 初版 . -- 臺北市：商周出版：家
庭傳媒城邦分公司發行，2022.02
　　面；　公分 . --（商周教育館；51）
譯自：Biology for Curious Kids
ISBN 978-626-318-122-9（平裝）

1. 生物 2. 通俗作品

360　　　　　　　　　　　　　　110021642

線上版回函卡

目錄

歡迎來到
生物學的世界

生物學研究所有的**生物**，
包括體型大或體型小的、有見過沒見過的、動物或植物，
以及其他更多的生物。
研究生物學讓我們知道地球過去是什麼模樣、生命是怎麼開始，
以及它的未來可能會走向何方。

生物學被劃分成許多不同的研究領域。
有些人研究植物，以及它們對人類與其他生物的重要性。
有些人醉心於研究動物，對目前發現的無數**物種**感到好奇。
也有些人研究人體，從骨骼到大腦到血液都包括在內！
還有些科學家喜歡微觀世界，他們會去研究我們所知最微小的生物。

研究生物學的人就稱為**生物學家**。
無論他們專精的領域是什麼，他們都有一個主要共同點：
他們對於找出與生命相關問題的答案都很感興趣。

那麼現在就請你暢遊本書，
去揭開奇妙生命世界的某些秘密，
成為一名生物學家吧！

生命是什麼？

在我們開始研究生命之前，我們得知道「生命」的定義。
生命是會思考的東西嗎？還是會呼吸或是會生長的東西？
讓一片不斷生長的草地與沒有生命卻會不斷擴大的火焰有所不同的是什麼？
讓人類跟機器人不同的又是什麼？這一切又是從哪裡開始的？

關鍵特性：
科學家認為生物必須具備以下幾種關鍵的共同特性：

生物會讓食物這類物質在身體中循環。

生物能對自己所處的環境做出反應。

生物需要能量，也會使用能量。

生物通常會成長，也可能在成長的過程中發生變化。

生物可以藉由生育後代或是自我複製來繁殖。

生物會與環境進行氧氣之類的氣體交換。

所以，雖然火焰會擴大，但食物無法在火焰本體裡循環。
雖然機器人可以對環境做出反應，但它不能繁殖。

未知的問題

我們持續發現新的物種（相似生物的族群），科學也一直有新的發展。這引發了一個問題：若是有我們不知道的事物出現時，我們要怎麼知道該做什麼才是正確的呢？我們打造出可以自我複製的機器人時，需要重新定義生命是什麼嗎？在地球這顆行星之外有生命嗎？有時科學上的發現所引發的問題，比它所能提供的解答還多，但這就是研究生物學的美妙之處。

哲學與科學

大約在西元前384年，著名的哲學家亞里斯多德在希臘誕生了。他從**哲學**的角度來檢視生命的大哉問，質疑生命和知識的定義。他的結論是，任何可以生長及繁殖的東西就能稱為生命。自亞里斯多德的時代以來，科學家進一步縮小了這個定義，但仍然保留了亞里斯多德的許多看法。

事實上，亞里斯多德常被認為是早期的科學家。他與其他哲學家不同，不會只動腦，還會實際動手研究生物並進行觀察。他是最先將動物分門別類的人士之一，這讓他不只是哲學的創始人之一，也是生物學的創始人之一。

Chapter 1

生命的基礎與微生物

無論是地球上最大的動物藍鯨，
還是最渺小的**細菌**，
每個**生物**都是由**細胞**所構成。
有些生物只有單一細胞，
有些生物則是由數百萬個或更多的細胞所構成。
人體甚至是由幾兆個細胞組成的！

微生物學所研究的就是**微生物**，
這類生物小到你得用顯微鏡才看得見。
在這個章節裡，我們將會看到建構生命的化學積木，
並經由顯微鏡看見運作中的細胞。

建構生命

談到建構生命的積木時，我們就會發現生物學與化學的說法有所衝突。
從化學的角度來看，宇宙萬物是由超過100種的自然**元素**所創造出來的。
而地球上的生命得仰賴它們當中的一小部分才能生存。
少了這些元素，就根本不會有生命了。

元素

拆解它！

元素無法再被拆解成更簡單的物質。有些元素是金屬，例如金和銀。有些元素在地表常溫下是氣體，有些則是固體或液體。每個元素都是由各式各樣的原子所組成。地球上的萬物都是由一個或多個元素所組成。

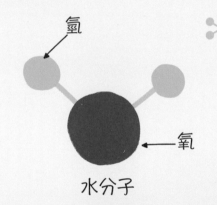

氫

氧

水分子

氫與氧

氫是宇宙中含量最豐富的元素，這代表氫的數量比任何元素都還要多。它同時也是最輕的元素。氫原子常與氧原子結合，形成水分子。一組原子結合在一起就會形成一個分子。另外，氧也是存在大氣裡的一種氣體，許多生物都需要呼吸氧氣才能生存。

氮

地球大氣中幾乎高達80%的氣體都是氮。在生物體內也可以找到氮，它是被稱為蛋白質這種大分子裡的元素之一。蛋白質中還有氧、氫及碳這些其他元素。你身體裡的每個細胞都含有蛋白質。

其他
化學元素

3.5%

← 氮

3.5%

← 氫

9.5%

← 碳

18.5%

65%

← 氧

身體質量
百分比

 碳

碳是創造及維持地球上所有生命最重要的元素。它特別容易以各種方式與其他元素結合，形成**有機化合物**。在無數的生物體內，可以找到各式各樣以碳為基礎的化合物。這些化合物分為4大類：

1. 碳水化合物：這類分子是由碳、氫及氧所組成。這類化合物包括了糖及澱粉，能提供生物細胞所需的能量。

2. 脂質：這些是像脂肪或油一類的油膩物質。脂質為生物儲存能量，並形成細胞膜（細胞的外層）。

3. 蛋白質：這是所有生命不可或缺的大型重要分子。蛋白質能建構細胞，加速化學反應（讓分子產生改變），並在生物體內傳遞訊息及物質。

4. 核酸：它們攜帶製造蛋白質的指令，以及含括細胞功能與繁殖的訊息。比方來說，人體內的每個細胞幾乎都帶有**DNA**（去氧核糖核酸），它就像是一本說明如何繁殖與照護細胞的編碼操作手冊。

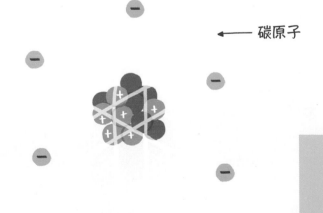

← 碳原子

生命密碼

每個生物體內都帶有決定自身外觀與功能的密碼。
這些指令就儲存於DNA（**去氧核糖核酸**）長條中，
你在幾乎所有生物細胞內都會發現它的蹤影。
正是DNA造就出獨一無二的**你**。

生命的螺旋

DNA是條長串**分子**（由數個原子結合
而成），它有2股長條，而且長條之
間還有細線相連。DNA的結構就像是
螺旋梯，所以被稱為**雙股螺旋**。階梯
的部分是由腺嘌呤、胞嘧啶、胸腺嘧
啶和鳥嘌呤這四種化學鹼基所構成。

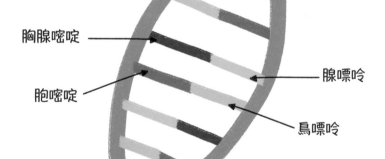

胸腺嘧啶

胞嘧啶

腺嘌呤

鳥嘌呤

鹼基都是成對出現。這是DNA極為巧妙
的一個特性。這意味著，當細胞需要複
製時（例如要協助生物體生長或癒合傷
口的時候），DNA就會從階梯的中間分
裂，形成2組新鏈結。只要經由配對，很
容易就能創造出跟原始鏈結一模一樣的
鏈結。

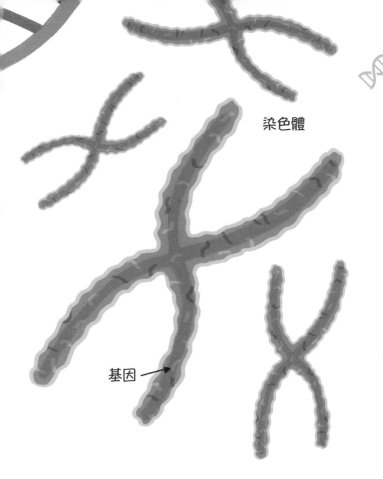

染色體

基因 →

深入DNA

DNA握有形成各種生物的秘密配方。在DNA的分子中,有著稱為**基因**的小片斷。每個基因都帶有不同的資訊。這些資訊可以掌握眼皮、身高與鼻形之類的人體特徵。

基因保存在**染色體**中,而染色體就是在**細胞核**中會看到的捲曲DNA鏈條。人類有46條染色體,裡頭包含了超過20,000個基因。我們從父母那裡各繼承了一半的染色體(各23條)。這是為什麼你有些地方像爸爸,又有些地方像媽媽的原因。其他生物會有不同數量的染色體,像果蠅只有8條染色體,而帝王蟹竟然有208條!

偵探DNA

因為每個人的DNA都是獨一無二的(除非是同卵雙胞胎),所以可以用它來確認身分。DNA是解開案件之謎的完美工具。所謂的**法醫**就是利用科學進行犯罪調查的專家,他們從犯罪現場搜集頭髮及唾液等樣本,並進行分析以建立**DNA圖譜**。法醫會試著比對嫌疑犯的DNA圖譜來找出凶手。

生物新鮮事

我們跟香蕉的基因有一半是一樣的!這是因為大部分的基因只負責控制生物的運作,也就是生物要如何進行化學反應才能生長與使用能量。所有生物運作的方式都差不多,因為生物全都是由數十億年前出現的單細胞生物演化而來。

生命的基礎

細胞雖小，卻扮演構成生命的重要角色。
無論是植物、動物還是其他生物，每種生物都是由細胞所構成。
大部分的細胞都小到要用顯微鏡才看得見。
但所有細胞都有各自的重要功能。
細胞的種類繁多，它們是生命的基本單位。

細胞內部

細胞內有各式各樣協助細胞執行特定功能的結構。每個動物細胞都有幾個主要構造。細胞核中含有DNA，可以控制細胞的運作。**細胞膜**包住細胞，讓**營養成分**可以進出細胞。**細胞質**是有如果凍般的物質，這裡會發生將一種分子轉換成另一種分子的化學反應。**粒線體**給予細胞活力，它會經由化學反應釋放**營養成分**裡的能量。

動物細胞

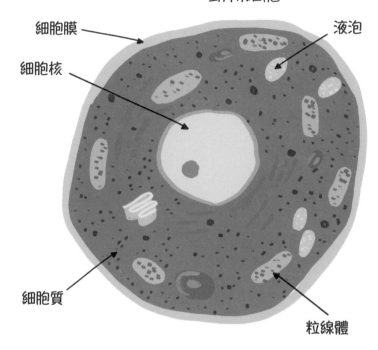

細胞膜
液泡
細胞核
細胞質
粒線體

植物細胞

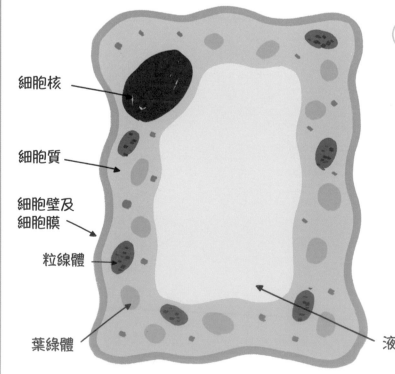

細胞核
細胞質
細胞壁及細胞膜
粒線體
葉綠體
液泡

動物與植物細胞

動物與植物細胞都有細胞核、細胞膜、細胞質及粒線體。植物細胞還多了一些其他相當特別的構造，以便維持它獨特的生命。植物細胞在細胞膜外還有一層硬的**細胞壁**來幫助支撐細胞。而在植物細胞的細胞質中，還多了可以為植物製造養分的**葉綠體**。最後，不管是植物還是動物細胞都含有用來儲存物質的**液泡**，以便幫忙調節細胞內的空間，像是要鬆軟一點還是堅固一些。

製造更多的細胞

生物以製造新細胞的方式來生長、癒合傷口與繁殖。細胞進行複製的方式主要有2種。

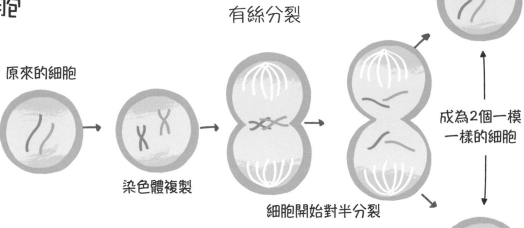

有絲分裂

原來的細胞

染色體複製

細胞開始對半分裂

成為2個一模一樣的細胞

1 在**有絲分裂**中，一個細胞會分裂成2個一模一樣的細胞。要達成這個結果，每個**染色體**都需要進行自我複製，好產生2組完整的染色體。然後2組染色體各自往細胞的兩端移動，開始分裂成2個細胞。這個過程會進行得非常精確，這樣2個新細胞中都會有跟原來細胞一模一樣的基因組成。這些一模一樣的細胞，是生物體能夠生長與進行癒合的工具。

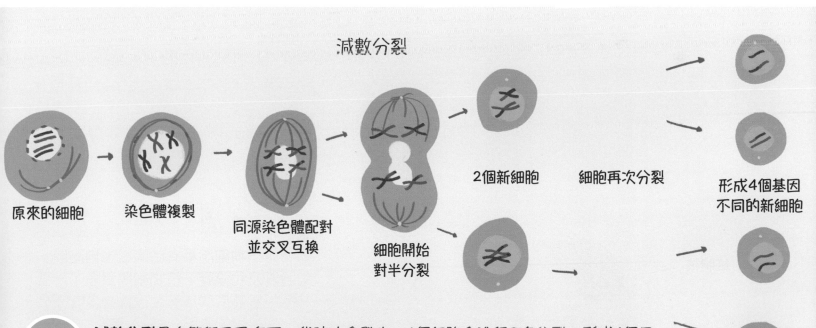

減數分裂

原來的細胞

染色體複製

同源染色體配對並交叉互換

細胞開始對半分裂

2個新細胞

細胞再次分裂

形成4個基因不同的新細胞

2 **減數分裂**是在繁衍及孕育下一代時才會發生。1個細胞會進行**2次**分裂，形成4個只帶有原先細胞**一半**基因資訊的新細胞。減數分裂與有絲分裂的不同之處在於，同源染色體會配對並交叉互換。當細胞對半分裂時，每個新細胞中會有不同的基因組合。這兩個新細胞會再分裂，因此會產生4個與原來細胞基因不同的細胞，而且染色體的數量也只有原來細胞的一半。當一個來自父親與一個來自母親的這種細胞相遇結合並產生寶寶時，它們會各自攜帶寶寶所需的一半基因。

細胞工廠

每個在你體內或任何生物體內的細胞，隨時都忙個不停。
有些細胞負責攜帶氧氣，有些細胞幫助你思考，有些會儲存能量，還有些會保護你。
為了讓你活著，你體內的幾兆個小工廠總是努力工作著。

細胞核

細胞就像個工廠，其中的控管中心或老闆就是**細胞核**。它告訴細胞要怎麼生長、複製與工作。細胞核中有**染色體**，而染色體中帶有DNA。它們握有工廠產品應該要是什麼模樣的藍圖。

核糖體

核糖體是在工廠辛苦工作的基層勞工。它們會讀取DNA中的密碼去找出製造每個蛋白質的方法。蛋白質控制了身體內的所有功能。

細胞工廠階層

細胞核 細胞膜 葉綠體 染色體 核糖體 粒線體

細胞膜

細胞膜是控管貨物進出的部門。它讓有用的物質進入細胞，並送出細胞製造的產品及廢棄物。

能量

粒線體及植物中的**葉綠體**都是工廠的能量來源。它們雙方都掌管著生物在細胞層級所需的能量。

各種功能的細胞

生物是由許多不同的細胞所構成。這些細胞一起形成生物體並維持生物體的運作。

舉例來說，人體中就有大約200種執行不同功能的細胞。每一種都有不同的形狀以及內部構造，好完美執行自身的功能。

微小力量！

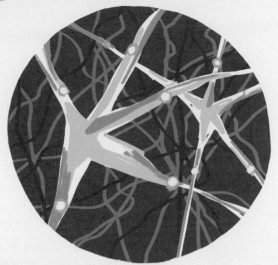

神經細胞

神經細胞在
大腦與不同的身體部位
以及大腦內部傳送神經訊號。

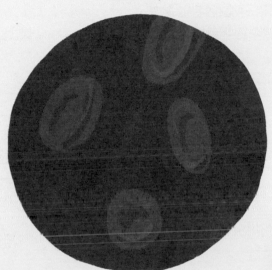

紅血球

紅血球攜帶氧氣
至全身。

皮膚細胞

皮膚細胞保護
身體內部的一切。

脂肪細胞

脂肪細胞以脂肪的形式
儲存能量。

肌肉細胞

肌肉細胞讓身體能產生動作。

進入微觀世界

微觀世界是個截然不同的世界。
肉眼看不見的微小細胞忙碌地過自己的生活。
它們就是微生物。
有些對我們有益，有些對我們有害，還有些對我們根本沒有影響！

微生物

顧名思義，微生物就是「非常微小」的生物，要用**顯微鏡**才看得到。**病毒**則是小到連一般的顯微鏡都看不到。

病毒
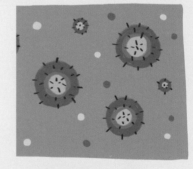

水熊蟲
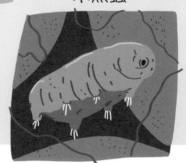

古菌

有些微生物只有單一細胞。有些則是很小的多細胞植物或動物，比如水熊蟲。

生物新鮮事

17世紀早期發明顯微鏡後，人們就開始探索微生物的驚人世界。從此以後，顯微鏡就變得越來越厲害，今日，我們已經可以將物體放大50萬倍！

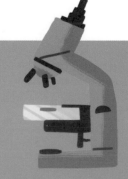

單細胞生物

大部分的微生物都只有1個細胞，它們叫做**單細胞生物**。它們是地球上40億年前左右從海洋中出現的最初生命形式。這些最早出現的細胞稱為**原核**細胞，比稱為**真核生物**的動植物細胞更為簡單。**原核生物**的DNA不在細胞核裡，而是游離在細胞中。今日的**細菌**與**古菌**（請參考第25頁）都是原核生物，而其他的所有生物都是由真核細胞所構成。

真菌是真核生物，有單細胞的，也有多細胞的。它們以動植物遺骸為食，是分解自然界的廢棄物的要角。酵母菌是一種可以將糖分解成二氧化碳的真菌，可以用來讓麵包發酵膨脹。有些真菌會引發疾病，有些則可以作為藥物。

原生生物

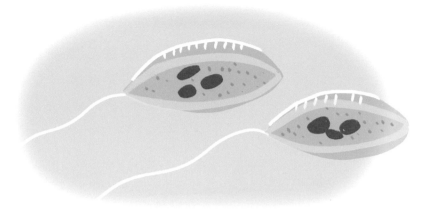

原生生物是單細胞真核生物。有些具有尾巴、纖毛，或甚至是像腳一樣的偽足。它們以細菌、藻類及微真菌為食。

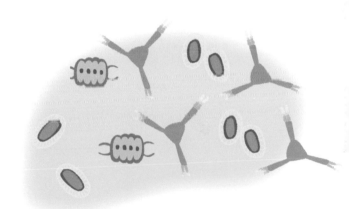

浮游生物是漂浮在海洋或淡水中的微小生物，是魚類或其他生物的食物。細菌、類似植物的藻類、原生動物，甚至是微小的植物或動物，都可以是浮游生物。

有益的微生物

我們常聽到細菌、真菌還有其他的微生物是不好的東西，不過其實有些微生物對人類是有益處的。舉例來說，在土壤中發現的根瘤菌可以為植物提供養分。另外在食品工業中，像乳酸菌之類的細菌可以將牛奶轉變成起司及或優格。

有好有壞，還有很討厭的

細菌及病毒都是出了名的會讓我們生病的東西，儘管如此，還是有很多細菌不該擔起這種臭名。許多細菌能為動植物的重要生存機制提供協助。

細菌

細菌是單細胞生物。細菌細胞有細胞壁，但是沒有細胞核。所以它的DNA會游離在細胞質中。細菌的種類繁多，每一種都有它自己的形狀及結構。有些細菌有尾巴可以移動。有些則有外部黏液可以保護自己。

消化系統

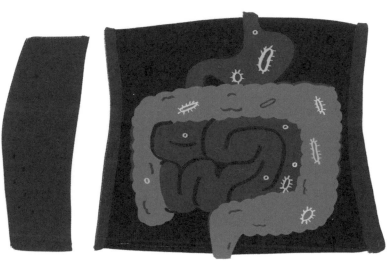

壞菌

有些細菌會讓人類與動物生病。它們會造成食物中毒或腦膜炎這類疾病。細菌一旦進入生物體內，它們的細胞就會快速繁殖。身體會試著經由打噴嚏、發燒和嘔吐等策略，來排出或殺死這些入侵者。

有些藥物可以殺死細菌。西元1928年，蘇格蘭科學家亞歷山大·弗萊明爵士發現盤尼西林，這是一種由真菌產生的物質，可製成一種稱為抗生素的藥物。抗生素會攻擊讓人及動物生病的細菌，目前全世界都用抗生素來拯救生命。

好菌

人體內有數十億個細菌細胞在幫助我們保持健康。有些位在皮膚上，有些在鼻子裡，甚至還有一些在嘴巴中。光是消化系統中就有數百萬個細菌在協助分解與消化食物。人體內的許多好菌都在努力對抗壞菌！

病毒

很不幸的，病毒不像好菌那麼有用。這些鬼鬼祟祟的小東西會讓動植物及其他生物生病。病毒在人體內會造成感冒、流感、麻疹及新冠肺炎等眾多疾病。病毒不是由細胞所組成，它們的DNA就只是被簡單包覆在一層**蛋白質**中而已。科學家們對於病毒能否稱為「生物」抱持不同意見。病毒只能藉由進入生物細胞內，並使用當中的胞器，才能進行自我複製。

感冒或流感

麻疹病毒

一旦病毒進入人體，人體的**免疫系統**就會努力去對抗它們。病毒無法用抗生素來治療，所以最好的辦法是一開始就勤洗手及戴好口罩，避免病毒進入身體內。

 ## 生物新鮮事

有些深海魚體內具有可以發光的細菌，讓牠們可以在黑暗的深海中引誘**獵物**。

微生物

雖然我們看不見微生物，但它們就活在這世界上，
從地毯到深海等等各種驚人怪異的環境中，
都能找到它們的身影。
一些最讓人驚奇的微生物可不是細菌或真菌，而是微小的動物。

水熊蟲

 ## 微小的熊

你可能從來不知道，水中或泥地裡有種會游會走的小小**水熊蟲**。牠們有8隻腳以及小小的爪子，可以在非常極端的環境中存活，甚至在太空中也沒問題！

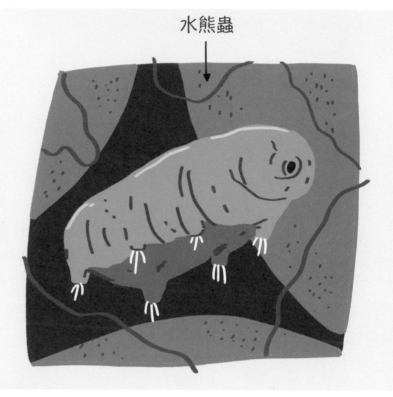

 ## 蟎

蟎是很小的蛛形綱動物（類似蜘蛛的動物），牠們有8隻腳。許多種蟎需要寄生在植物或動物上。塵蟎不會附著在人類身上，而是以落在房子裡的死皮細胞為食，並且喜歡藏在地毯或毛毯中。牠們會讓你打噴嚏或發癢。

塵蟎

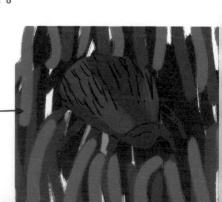

22

復活

有一種神秘的微小動物叫**蛭形輪蟲**,牠們生活在水坑或是土壤中有水氣的地方,以及其他的淡水中。牠們的驚人之處在於,若是賴以維生的水消失了,牠們可以讓自己脫水乾燥並存活好幾年。等到水又回來時再補充水分,恢復活力!

 ## 極高溫

在深海底部,名為菌株121的這種古菌〔請參考第25頁〕可以在幾乎所有生物都無法生存的極高溫環境中存活。這種微生物在攝氏121度中可以茂盛生長,並且以海洋熱噴泉口附近的礦物質為食。

 ## 數量優勢

珊瑚蟲是一種比鉛筆筆尖還小的動物,但是當牠們成群結隊時可以建造出數英里長的珊瑚礁。珊瑚礁是由成群珊瑚蟲的外骨骼所構成,每一副珊瑚蟲骨骼的上面及周圍都有數不清的其他珊瑚蟲骨骼。珊瑚蟲跟水母是近親,水母的尺寸大小差很多,從1公分這麼短,到36公尺這麼長都有!

 ## 大⋯⋯

最大的單細胞生物其實用肉眼就可以看見。那就是一種長得很像植物的藻類,名字叫杉葉蕨藻。它可以長到30公分那麼長,幾乎跟保齡球瓶差不多高了。

 ## ⋯⋯小

而已知最小的微生物是黴漿菌這類細菌。它們小到200隻黴漿菌聚在一起就只有1根頭髮的尖端大。這些黴漿菌細胞只有非常基本的結構,連細胞壁都沒有。

珊瑚蟲

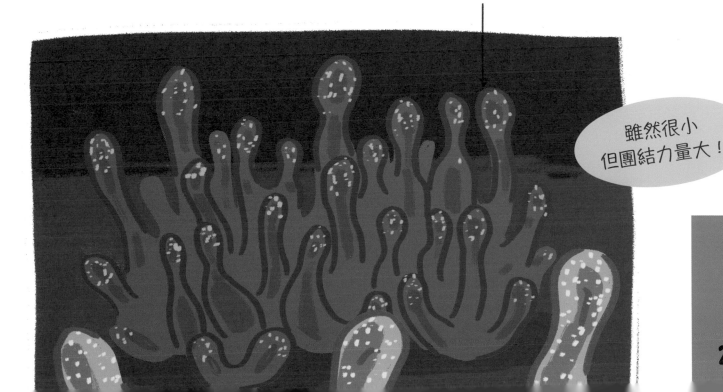

雖然很小但團結力量大!

生物界

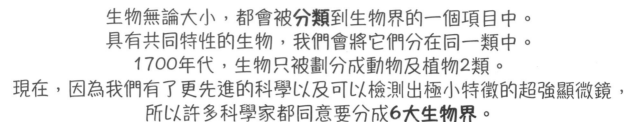

生物無論大小，都會被**分類**到生物界的一個項目中。
具有共同特性的生物，我們會將它們分在同一類中。
1700年代，生物只被劃分成動物及植物2類。
現在，因為我們有了更先進的科學以及可以檢測出極小特徵的超強顯微鏡，
所以許多科學家都同意要分成**6大生物界**。

動物界

動物界包含了數百萬個物種（外型相似且能繁衍後代的生物族群）。從海綿這樣的簡單生物，到鯨魚這樣巨大的哺乳動物，以及像人類這麼聰明的生物，都是動物。動物界的生物無法自己製造食物，所以牠們得以其他生物為食。

植物界

從小小的浮萍到高大的樹木都是植物，它們遍佈全世界，甚至生活在海洋中！這些多細胞生物會利用太陽能及周遭的化學物質來製造食物。植物界對維繫地球上的多數生命非常重要。

真菌界

真菌界包括了單細胞生物以及多細胞生物。過去，這些生物被認為是植物，但科學家很快就發現它們非常不同。它們不會像植物那樣為自己生產食物，而是吸收或攝取死去的植物及動物中的養分。

✴ 細菌域

在全世界的各種環境以及幾乎各種條件下，都能發現這類原核生物（請參考第19頁），就連動植物體內也能找到它們的蹤影。細菌經由陽光或分解化學物質及生物遺骸來獲取能量。有些細菌可以用髮狀纖毛或是尾狀鞭毛來移動。

✴ 古菌域

這類原核生物看起來跟細菌很類似，但它們之中有許多可以存活在嚴峻的環境中，像是海洋裡的火山、熱泉，或是含鹽量高的海水中。我們最近才發現古菌，但事實上它們應該是地球上最古老的生物。

✴ 原生生物界

原生生物是真核生物（請參考第19頁），單細胞及多細胞的都有。原生生物界包括了海藻、原蟲、黏菌，還有任何無法歸到其他生物界的生物！它們可以自行製造食物，也能以其他生物為食。

Chapter 2

植物的世界

植物覆蓋地表相當大的面積且種類繁多，
從大片的草葉、漂浮的蓮葉到高聳的樹木都有。
這些植物提供我們食物、材料，甚至是用來呼吸的氧氣。
全世界有數十萬種不同的植物物種，
而**植物學家**就是在研究所有的植物！

植物學研究植物及植物的生命，其中包括了植物的特性、
植物生存及繁衍所需的條件、地球上哪裡可以發現植物，
以及植物對我們與這個世界的貢獻。
在探索這個章節時，
請盡情釋放你的好奇心，
好好充實你對植物的知識。

植物的力量

植物讓我們有美景可以欣賞，
也有讓我們有地方可住、有材料可用，以及有食物可吃。
植物轉換了我們呼吸的空氣。
若是地球上沒有植物，那地球上也不會有人類跟動物了。

生命循環

植物會從空氣中吸收**二氧化碳**，再將**氧氣**釋放到空氣中。人類需要氧氣呼吸，若是空氣中的二氧化碳太多，我們就會無法存活。事實上，人類與動物會呼出二氧化碳，然後植物就會吸收二氧化碳！這就是讓生命延續的神奇循環之一。

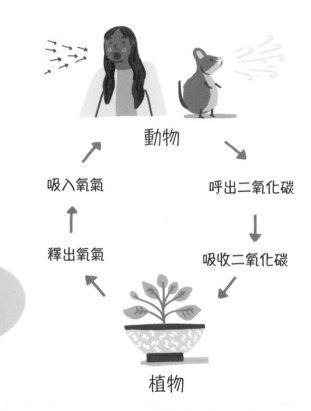

動物

吸入氧氣　　　　　呼出二氧化碳

釋出氧氣　　　　　吸收二氧化碳

植物

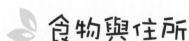

謝謝你，
植物！

食物與住所

植物不只提供我們氧氣，還讓我們有食物可吃。它們位在多數食物鏈的底層，許多動物以植物為食過活。除此之外，植物還為野生動物提供了家園及住所，像森林中的鳥兒會住在高高的樹上，而小小的蟲子會住在低低的葉子上。

光合作用

光合作用是一種在綠色植物體內進行的作用，可以為植物製造生存所需的食物。光合作用就是在利用陽光，將陽光轉變成為植物可以利用的**能量**。

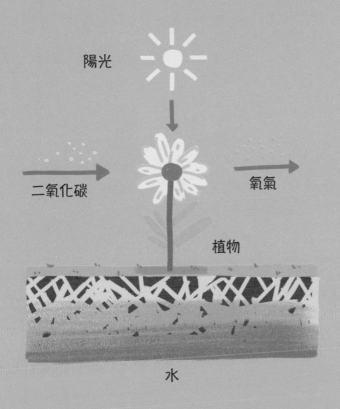

陽光

二氧化碳

氧氣

植物

水

1. 陽光照在植物上。植物葉子中有一種稱為葉綠素的綠色物質會吸收太陽能。

2. 植物的根從土壤中吸收水分時，植物的葉子也會從空氣中吸入二氧化碳。

3. 植物運用從太陽光得到的能量，將二氧化碳與水結合，製造出葡萄糖。

4. 植物利用葡萄糖產生能量。在產生能量的過程中會製造出氧氣，並將氧氣釋放到空氣中。

植物寶寶

植物跟動物一樣都是**生物**，它們也會繁衍下一代。不同的植物會以不同的方式繁衍，許多植物會製造**種子**，種子就是被包裹在保護殼裡的小小植物「寶寶」，裡面同時還存有提供給寶寶的養分。種子可能藏在花朵（請參考第31頁）、錐狀松果（請參考第34頁）或果實內。而蕨類這種植物則會釋放**孢子**進行繁殖，孢子的構造比種子來得簡單。如果種子或孢子落在正確的地方，並獲得足夠的水分及陽光，它們就會長成新的植物，再度啟動這個循環。

植物的構造

無論植物是大是小、會不會開花，
大部分的植物都具有同樣的基本構造。
植物的各種構造會共同合作，好幫助植物完美運作，
也就是執行光合作用並繁衍下一代。

葉

光合作用是在植物的葉子上進行的。葉子上有小孔可以進行氣體交換（吸收二氧化碳與釋出氧氣），以及排出水分。

莖

莖可以幫忙**支撐**植物，讓植物維持直立。莖會將水及養分從根部傳送到葉子及花朵。**樹幹**是堅硬的木質莖，由堅韌的纖維素與木質素所構成。

根

植物的根讓植物固定在一個地方。根通常會深入地下，但有些根會圍繞其他植物或甚至往地上延伸。根會吸收水分及礦物質，為植物提供重要的**養分**。

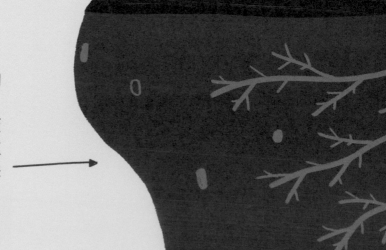

❋ 花

不是所有的植物都會開花，但會開花的植物的確需要靠花來**繁衍**下一代。花朵通常都很芬芳亮麗，好吸引蜜蜂、蝴蝶及其他動物前來傳遞花粉，以孕育種子（請參考第38頁）。雖然大多數的花聞起來都很香，不過也有些聞起來像腐爛的肉，好吸引蒼蠅過來！

❋ 各有特色的植物

每株植物都會以不同的特性幫助自己適應環境，以便存活下來。像馬鈴薯及紅蘿蔔這類植物會將養分儲存在膨大的**地下**莖或根中，以便熬過寒冬。

而像苔蘚這類的植物則沒有根或莖，它們被稱為**無維管束植物**。它們生活在潮溼的地方，以便吸收水分。這種簡單的植物通常貼著地面生長。

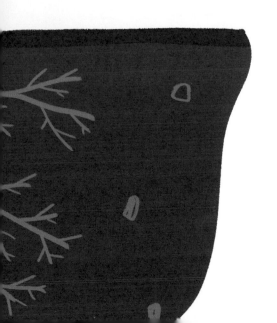

❋ 包在葉子身上！

葉子就像魔法師，它會變出食物來餵飽植物。就像植物的種類繁多一樣，葉子也有不同的大小形狀。不過大部分的葉子都具有同樣的基本特徵。

葉脈會將水分及養分從莖運送到葉子的不同部位。進行光合作用後，葉脈也會運送葉子所製造出的**葡萄糖**到植物的其他部位。

葉柄連接植物的葉子和莖。葉柄與**中脈**相連，中脈支撐葉子，幫助葉子抵抗任何天候。

葉子背面有著微小的**氣孔**，這小小的孔洞可以讓二氧化碳進入與釋出氧氣。

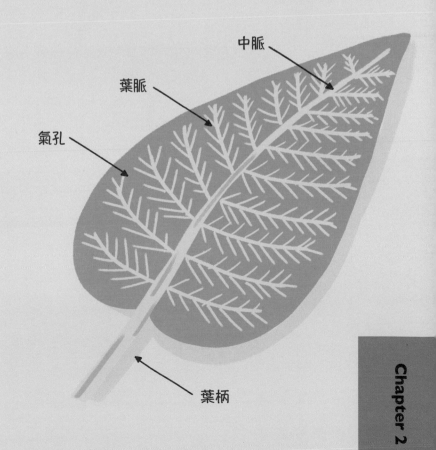

中脈

葉脈

氣孔

葉柄

生存與繁衍

植物跟我們一樣,需要某些物質才能在地球上繁衍。
它需要養分、水分與一些在地球上生存所需的其他特殊成分。

陽光

生物新鮮事

雖然植物不能說話,但有些植物彼此其實是可以溝通的!這些植物會釋出化學物質,警告其他植物是否有蟲子來襲。

健康快樂的植物

你怎麼知道一株植物健康不健康?植物不會笑也不會說話,但它會用其他的方法告訴我們。大部分的植物健康強壯時會站得直挺挺,葉子也會又綠又亮並且展得開開的。如果植物開始枯萎,它可能就是沒有獲得所需的每個要素。健康的植物會面向太陽,以獲取更多的陽光,而它的根也會長出更多的分支,好尋找水分及養分。

陽光與溫暖

植物吸收**陽光**獲取能量來製造食物。植物也需要**溫暖的環境**幫助種子長大。

 ## 空間

根需要足夠的**空間**才能往下延伸，或甚至從溼軟的泥土中向上伸展。有了足夠的空間，根就能找到植物所需的水分與養分。

 ## 二氧化碳

這是光合作用中所需的重要成分，它與水結合可以製造出**葡萄糖**。二氧化碳會經由葉子上的**氣孔**進到植物中。

二氧化碳

空間

水

礦物質

 ## 水分

水是另一個光合作用所需的關鍵成分。植物像吸管那樣，將水從根及莖吸上來。有些植物需要大量的水分才能生存，另外有些植物則因為適應了環境，只需要一點點水分，例如沙漠中的仙人掌。

 ## 礦物質

植物需要營養的**土壤**來供給它們重要的養分，包括氮、磷及鉀等礦物質。植物經由根部來吸收這些養分。

豐富的植物種類

雖然我們會覺得植物都有綠葉並且會開花，
但有很多植物並不是這樣的。
全世界有數十萬種不同的植物物種，並且有著數不清的差異。

 ## 2大類植物

植物分成2大類：維管束植物以及無維管束植物。

維管束植物有特別的管道可以將水分及養分運送至植物各部位。這類植物涵蓋了地球上大部分的植物。

維管束植物進一步還能再分類成：開花植物、針葉樹木、蕨類植物與木賊屬類植物等等。目前所知的**開花植物**就超過26萬個物種，蘭花、向日葵，甚至豌豆都包括在內。

松樹與雪松這類**針葉樹木**的葉子呈現針狀。它們的種子長在錐狀的松果中，而松果最後會落到地上。針葉樹木是常綠樹木，這代表它們在冬天不會落葉。落葉樹木則會在冬天落葉，它們的樹葉較薄較軟，無法在寒冷的冬天裡存活下來。

蕨類植物是多葉植物，它的葉子背後有孢子囊，會釋放出**孢子**進行繁殖。

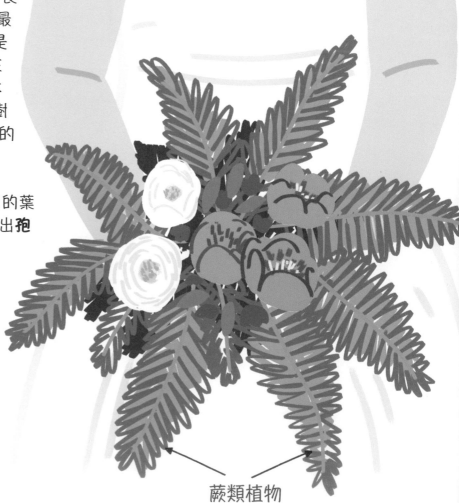

美麗的
蕨類花束！

蕨類植物

2 **無維管束植物**跟維管束植物不同，它沒有莖或根，有時甚至沒有真正的葉子。它們常用像髮絲的假根構造將自己固定在地上。你甚至可能不是在土壤而是在岩石或樹幹上看到它們。這類植物利用孢子繁殖。苔蘚及綠藻都是無維管束植物。

苔蘚的葉子小小的，長在陰暗潮溼的地面上，像是一片地毯。全世界目前有超過12,000種的苔蘚。

有些**綠藻**是小小的單細胞生物，也有些綠藻可以長成大型海草。無論身處海洋還是冰層中，它們都會盡可能地找到水源並成長。

苔蘚
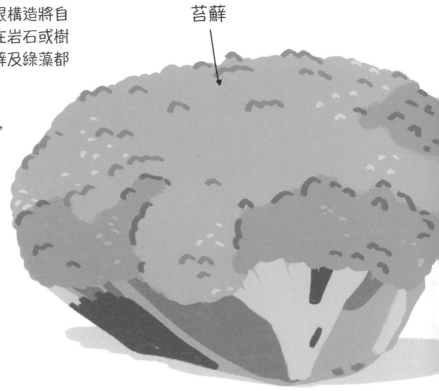

水面下的生存者

我們知道有些植物生活在水面下，但它們是怎麼存活下來的？許多水生植物會靠近水面好吸收陽光。也有些植物（例如睡蓮）具有會漂浮的大型葉片。居住在深一點的海中的植物則已經適應環境，對陽光的需求較少，並且能從周圍的海水吸取二氧化碳。至於陽光無法抵達的深海處，則沒有植物可以在其中生存。

肉食植物

若是一株植物無法以一般的方式取得它所需的養分，它可能就會以創新解決方案來取得所需之物。例如生長在土壤貧瘠之處的**捕蠅草**，這種飢餓的植物跟一般的植物不同，會利用如同嘴巴般的兩片葉子把蟲子及其他小動物包住抓起來。

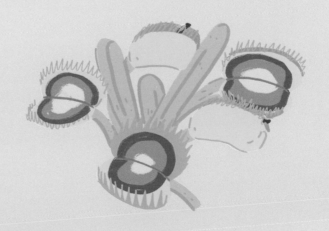

生命的花朵

不管是動物、植物、真菌，甚至是細菌，每種生物都有生命周期。
開花植物的周期包括了：
種子階段、植物階段、開花階段，然後就是結出果實與種子的階段。

開花的植物

種子

剛發芽的植物

開花植物

許多植物從小小的種子開始它們的生命周期。生命從這裡開始了！

成長中的植物

1. 種子掉落在土地上。種子中有新植物所需的DNA及養分。植物的生命就從這裡開始。

2. 種子在地上找到一個家。當溫度夠暖且水分也充足時，種子的外殼會裂開，植物會開始發芽，而根則會深入土壤中找尋養分。植物的莖會推離地面，向上生長。

3. 當植物吸收到更多的陽光、水分與養分，就會長出更多的葉子，植物也會越長越高。

4. 開花。花朵授粉（請參考第38頁）後，種子就會孕育出來並成熟。於是這個周期又準備好要重新開始了。

花朵的內部構造

花朵內部有許多小小的器官，幫助植物度過每個生命周期。在基部的**花萼**可以在花開之前保護花朵。一旦開花，**花瓣**就會伸展開來。亮麗的花瓣常會吸引昆蟲。花中還有**蜜腺**，可以製造稱為花蜜的甜液，這也有助於吸引動物前來。**雄蕊**由支撐花藥的花絲所組成，花藥中則含有花粉。**柱頭**收集花粉，**子房**中則包有最終成為種子的**胚珠**。

 ## 新鮮的果實

授粉後，花的胚珠開始轉變成種子，而子房則變成果實。有些果實很有肉，像是桃子，有些則沒什麼果肉，例如核桃。有些果實看起來一點也不像果實！例如蒲公英的果實看起來就像一團羽毛，可以讓蒲公英的種子隨風飄揚。像覆盆子這類果實則是由數個子房所組成。不是所有果實都能吃，因為有些有毒或是太乾。可食用的果實有利於遠距離傳播種子。因為鳥類與猴子等動物會吃下它們，再排泄出來。

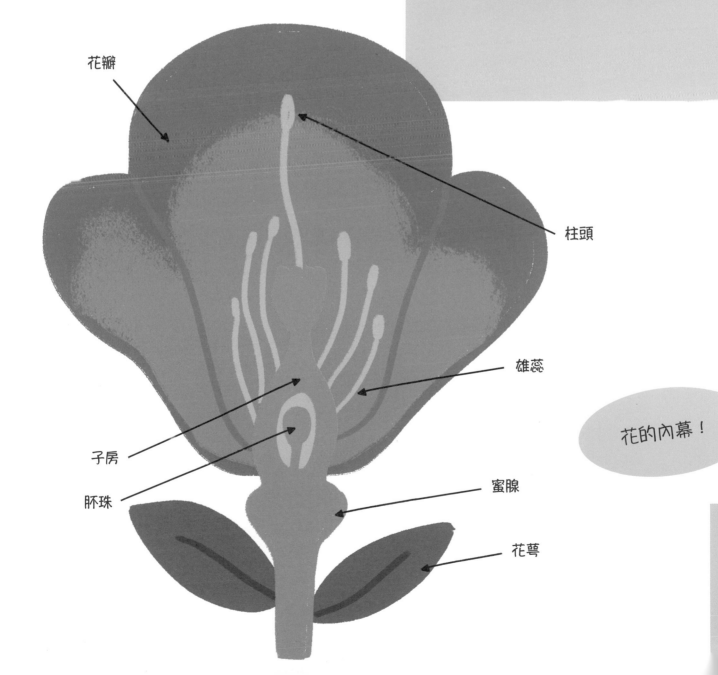

花瓣

柱頭

雄蕊

子房

胚珠

蜜腺

花萼

花的內幕！

花粉的力量

從蘋果樹到小麥草等等的開花植物對我們的世界很重要，
所以讓它們可以繁殖也就同等重要了。
開花植物創造新生命奇蹟的方式主要有2種：有性生殖及無性生殖。

 ## 雄性加上雌性

大多數的開花植物是以**有性生殖**的方式產生下一代。這需要雄性
與雌性構造，在一朵花中通常可以同時找到這兩種構造。雄蕊是
會產生花粉的**雄性**構造。接著花粉需要傳遞到通常是另一株植物
的**雌性**構造柱頭、子房及胚珠上。

異花授粉 →

自花授粉

 ## 授粉

昆蟲、鳥類、蝙蝠及猴子等授粉者，
會受到香甜的花蜜所吸引。牠們舔食
花蜜時，碰觸到的花粉就會黏在身上。
牠們來到另一朵花上時，這些**花粉**就會
沾附在那株新植物的雌性柱頭上，這樣
的過程就稱作授粉。最後，花粉會進入
胚珠，在那裡進行**受精**，產生種子。

風也可以協助授粉。當微風吹過時會帶起花粉，並將它們
撒落在其他花朵上。有些植物，通常是那些脫離群體生活
的植物，會進行自花授粉。這表示一朵花是由自己的花粉
進行受精。

種子傳播

在果實中孕育出來的新種子，必須找到方法落到地上，好長成一株新的植物。這就是**種子傳播**。有些種子會乘著**風**旅行，例如有翅膀形狀會旋轉的懸鈴樹種子。有些種子則靠**動物**幫忙，像是經由動物的消化系統（請參考第37頁），或是勾在動物的毛皮上。而像沙箱樹這類植物的種子更是驚人，它們成熟時，果實會隨著這株植物產生的小爆炸而**爆開**。

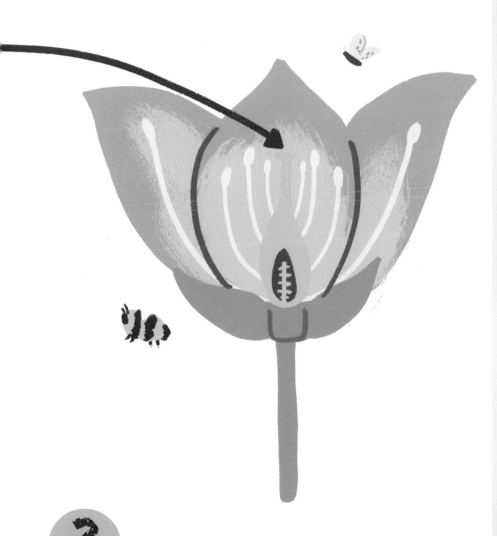

自體繁殖

第二種生殖方式稱為**無性生殖**。植物本身不用雄性與雌性部位，也不用種子，就可以長出新生命。這通常需要人為介入，將親株切一段下來，重新安置在肥沃的土壤中，就會長出一模一樣的植物。有些植物會自體繁殖，例如大蒜或水仙花，它們會在地下形成大大的**鱗莖**。鱗莖可以儲存養分，也可以分裂成新的植物。

❓ 生物新鮮事

飄浮在空中的小小花粉粒會讓某些人得花粉症，害他們直打噴嚏！

蜜蜂之美

蜜蜂是自然界中的無名英雄。
因為人類拿來當作食物與材料的許多植物都要靠蜜蜂來授粉，
所以牠們對人類存續與**生態系統**非常重要。

蜂

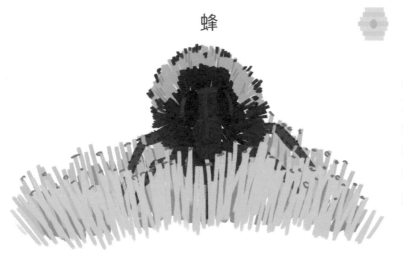

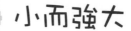 ## 自然界的英雄

辛勤工作的蜜蜂是許多植物的關鍵**授粉者**。蜜蜂從花中吸取花蜜，而牠們的回報就是協助花受精以產生新的種子。這是自然界中的**雙贏**。而被稱為蜜蜂的這一類蜂群也會製造食物——蜂蜜。當**蜜蜂**將花蜜吃下肚，經過胃的處理後再吐出來的就是蜂蜜了！

生物新鮮事

只有雌性的蜜蜂可以收集花蜜及花粉。雄性的蜜蜂主要都留在蜂巢中。

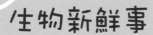 ## 重要的蜜蜂

每一種植物都會以特定的方式授粉，例如經由風或是一小群的授粉者。蜜蜂為許多常見的食用植物授粉，包括杏仁、黑莓、甘藍菜、洋蔥和馬鈴薯。蜜蜂也會為棉花和亞麻授粉，這兩者都是廣泛種植來製作衣服的植物。

小而強大

全世界已知的蜜蜂種類超過20,000種。每一種都有自己的專長，許多蜂種都適應了特定的花種。舉例來說，**大黃蜂**就是金銀花與毛地黃等細長花朵的完美授粉者，牠會將長長的舌頭伸進花裡。

數量減少的危機

世界上蜂群的數量正在減少。有些物種已經完全消失，有些則面臨**滅絕**的危機。因為林地被砍伐來建造房屋，甚至連野花都因為農田作物需要空間而被剷除，造成蜂群失去家園。用在植物上的**化學物質**，以及全球**暖化**現象也會對蜂群造成影響。

 ## 做些改變

我們可以藉由在家裡種植花卉並維護野花生長來保護蜂群。向在地農民購買蜂蜜，也能幫助這種在蜂巢中製造蜂蜜的辛勤小昆蟲。

植物學的應用

全世界有許多人都對野生植物感到著迷。
他們會去研究這些自然生長的奇蹟，
也會以許多不同的方式將它們應用在日常生活中。

農田裡

不管是種植植物還是養殖動物，都是**農業**的實踐。種田的農民會種植並採收**作物**。這些作物包括了蔬菜、水果、小麥、棉花和花卉。像蘋果或橘子這類水果常常大量種植在**果園**中。小麥是製作麵粉及麵包的重要作物。**棉花**是從棉花樹上採集而來，可以用來製作衣服及床單等紡織品。農民得了解種植作物的大小事，盡可能為作物提供最好的環境。

照料花園

照料花園的這門藝術稱為**園藝**。園藝師傅經過專門訓練，可以為花園的空間找到適合種植的完美植物。他們可能需要照料歷史建築旁的大花園，所以得要知道不同的花卉在一年當中的生長期，好讓花園隨時都綠意盎然。有些園藝師傅特別重視植物的療效，會利用植物的甜美氣味或輕柔搖曳的樹葉，創造出讓人放鬆的花園。

植物保育人士

保育人士致力於保護和維護環境。森林保育人士宣導森林的重要性，像是森林對空氣品質、社區、經濟和生態系統的重要性，並提出保護森林的建議。他們反對**砍伐森林**，也會為後代子孫種植新的森林。

永不停止的研究

植物學家不斷研究植物，並從中學習，拓展了我們對這個神奇生物世界的了解。植物學家可能會培育出一種新的植物，或研究現有植物的DNA。他們的工作甚至可能跨越多個領域，例如化學。他們會從植物製品中研發新藥，學習如何種植及改良作物，甚至研究要如何在太空中種植蔬菜！

拯救樹木！

植物學之父

西元前372年出生在希臘島嶼的**泰奧弗拉斯托斯**，常被稱為植物學之父。他寫了2本關於植物的重要系列書籍。他率先以地點、大小、用途等項目，將植物進行系統性分類。後人遵循他在植物學上的作法有數百年之久，直到後來才有科學家再進一步改善這些分類。

遠遠超過基本事物

我們都知道植物帶給我們氧氣、食物及建材。
但這些公用多元的超級英雄，
為人類所做的遠遠不止如此。

紙類產品

這要從4,500年前說起，那時古埃及人製造了第一張紙。他們用的是一種類似草的植物紙莎草。從那時起，植物就被用來製造紙製品了！大約在西元100年時，中國發展出一種現今仍在使用的印刷術，他們將富含纖維素的纖維植物放入水中，直到它們分解成**紙漿**。然後再瀝掉水分，將紙漿壓平乾燥，做成薄薄的紙張。

取自樹木的木材是大部分紙製品的原料，現在這些紙製品都由大型工廠生產。樹木可以變成日常生活中的書寫紙、書籍、報紙、紙鈔、瓦楞紙箱、衛生紙等等物品。

衣服

大部分的衣物都來自植物製成的材料。**棉花**是除了食物之外，銷量最多的農作物。全世界大約有一半的**紡織品**（衣服與布料）是用棉花製成。棉花來自棉花樹蓬鬆的種子頭。有些**人造**紡織品也是用植物做成。例如人造絲就是由纖維素製成，而纖維素就存在於大多數植物細胞的細胞壁中。它可以做成像棉花或羊毛等材料的質感。用來製作紡織品的許多其他材料也來自植物，例如：亞麻、大麻，甚至竹子！

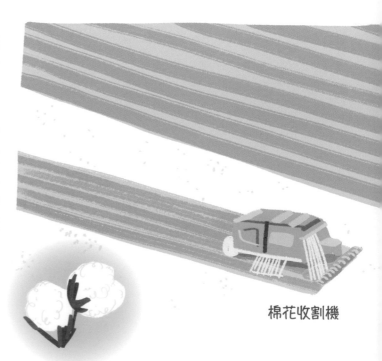

棉花收割機

療效

早期的植物學家及專家發現一些植物可以製成**藥物**。早期的植物藥物會用來緩解疼痛及發燒。有些藥物今日仍在使用。舉例來說，人們曾經靠著咀嚼柳樹皮來緩解疼痛，這是因為它含有水楊酸，而今日人們將這種成分製成阿斯匹靈。從商店買來幫助我們保持健康的某些維他命，也是從植物中萃取出來的。從我們過去所仰賴的用途，到今日的許多新發現及新用途，我們一直都知道植物具有特殊的療效。

維他命藥丸

為世界加油

我們大部分的電力，都是由煤炭、石油和天然氣這類的**化石燃料**供給。這些化石燃料是從埋藏在土壤及岩層底下的動植物遺骸，歷經數百萬年的時間所形成。這些燃料被稱為**非再生能源**，因為它們用完就沒有了。化石燃料形成的速度太慢，所以我們不能用當前的速度來消耗它們。

因此尋找**再生能源**，也就是尋找用完可再補充的能源就變得越來越重要了。這些再生能源的來源也包括植物！舉例來說，汽車可以不使用石油製成的汽油或柴油，改用生物燃料來運作。**生物燃料**是用像甘蔗等新收成的農作物所生產出來的一種燃料。

Chapter 3

動物的世界

地球上的生物界以動物界最大，
動物有著千奇百怪的形狀、大小與種類。
從海底到酷寒的南極冰層、
從生機蓬勃的熱帶雨林到廣闊的沙漠及平原，
令人著迷的動物界很值得去探索。

動物學家研究動物：
看牠們如何行動、如何形成群體，
以及你能在哪裡找到牠們。
在這個章節裡，我們將來一趟野生動物之旅，
去觀察不同種類的動物，
以及牠們在複雜的世界中
求生、繁衍與壯大的各種方式。

動物分類法

地球上有數百萬計的動物物種。
一個動物物種,比方說獅子,是指外表相似且會共同孕育寶寶的一群動物。
為了對動物有更佳的了解,科學家會根據動物的相似性將牠們分門別類。

親屬關係

所有動物都互有關聯性,問題是這個關係有多親近?分類的作法讓科學家能以綱或目這些項目將動物分門別類。像羽毛及幾隻腳這類特徵,都有助於動物學家為不同的動物建立分類。舉例來說,兩隻有羽毛的鳥之間的關係,就會比一隻兩隻腳的鳥與一隻八隻腳的蜘蛛之間的關係更親近!動物可以分成好幾類,像是:哺乳類、鳥類、魚類、爬蟲類、兩棲類和無脊椎動物。但如果你更仔細觀察,就能發現動物之間更深層的相似性及差異性。

舉例說明

豹VS.大耳狐

接下來讓我們看看如何進行動物分類的2個例子:

	豹	大耳狐
溫血動物?	是	是
幾隻腳?	4隻	4隻
會下蛋嗎?	不會	不會
毛皮或鱗片?	毛皮	毛皮
口鼻很長嗎?	不長	長
可以收回爪子嗎?	可以	不可以
科別	貓科	犬科

大耳狐跟豹有很多相似性,牠們都屬於哺乳類。不過牠們的口鼻形狀不同,還有豹可以將爪子收回掌中但大耳狐不行,這些差異則讓牠們分屬不同科別。

生物新鮮事

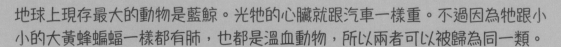

地球上現存最大的動物是藍鯨。光牠的心臟就跟汽車一樣重。不過因為牠跟小小的大黃蜂蝙蝠一樣都有肺,也都是溫血動物,所以兩者可以被歸為同一類。

分類的關鍵問題

接下來我們利用**分類的關鍵問題**來看看蠑螈和蜂鳥屬於哪一類。這一系列的問題有助於將動物分類。

首先按照旁邊的關鍵問題來為蠑螈分類，蠑螈沒有毛髮、沒有羽毛、沒有乾燥的皮膚，也沒有鱗片，所以屬於**兩棲類**。現在按照同樣的關鍵問題來為蜂鳥分類。蜂鳥沒有毛髮，但有羽毛，所以是**鳥類**。這兩種動物分屬兩個非常不同的類別。

這種動物有毛髮嗎？

有 → 哺乳類動物

沒有 → 牠有羽毛嗎？

有 → 鳥類

沒有 → 牠的皮膚乾燥嗎？

有 → 爬蟲類

沒有 → 牠有鱗片嗎？

有 → 魚類

沒有 → 兩棲類

各式各樣的脊椎動物

全世界有數百萬個動物物種，
這麼多動物可以用「有沒有脊椎」這個主要特徵分成兩大類。
在這兩大類中的各種動物，還可以再進一步的分門別類。

馬來熊

骨骼結構

動物界兩個主要分類之一就是**脊椎動物**。這個類別的動物都有**脊椎**：從頸部沿著背部向下延伸到尾椎的一長串骨頭。脊椎保護**脊髓**這個重要的神經，並架起生物體的**結構**。脊椎動物可以再細分為5大類。

哺乳類

哺乳動物綱的物種最少，卻最多樣化。它包括了獅子、海豚、馬來熊、兔子，還有人類！哺乳動物都是溫血動物，也都有毛髮或毛皮。甚至連海豚與鯨魚也有鬍鬚。哺乳動物通常會生下幼獸，並用乳汁餵養。

爬蟲類

變色龍 →

爬蟲類是冷血動物，牠們得從太陽及自己的肌肉中吸收熱量以維持體溫，牠們覺得太熱時，就會尋找陰涼處。雖然有某幾種蛇會生下幼蛇，但大多數的爬蟲類都是產卵的。所有的爬蟲類都有乾燥的鱗片或稱為鱗甲的骨板。牠們有的有4條腿，有的連1條腿也沒有。陸龜、變色龍、蛇和鱷魚都屬於爬蟲類。

鳥類

鳥類是一群有羽毛的小型恐龍的後代，而恐龍其實是活在數百萬年前的爬蟲類。鳥類具有羽毛與翅膀。大部分的鳥類都可以飛，不過有一部分鳥類只用翅膀來幫助自己游泳，或是在地上保持平衡。鳥類是溫血動物，牠也會產下硬殼的卵。麻雀、老鷹、鸚鵡、企鵝和高大的鴕鳥都是鳥類。

緋紅
金剛鸚鵡

蟾蜍

兩棲類

兩棲動物可以在陸地及水中活動。大多數的兩棲動物有4隻腳，讓牠們可以行走或游泳。大多數的兩棲動物會以被稱為幼體的不同型態展開生命，幼體會使用名為鰓的結構在水中吸收氧氣，兩棲動物長大後通常會長出肺及腳來，並在陸地上生活。牠們的皮膚溼潤，是冷血動物，也會產下軟殼的卵。青蛙、蟾蜍和蠑螈都屬於兩棲動物。

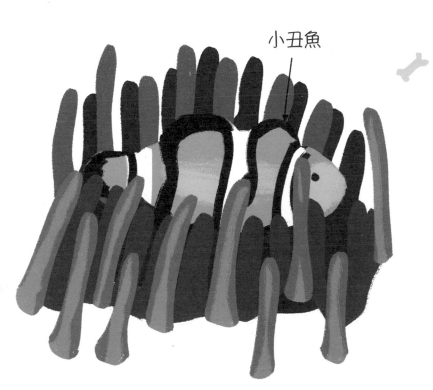

小丑魚

魚類

最後要提到的是目前數量最龐大的脊椎動物！**魚類**是最早發展出脊椎的動物，現在全世界有超過30,000種不同的魚類。魚類都生活在水中，用鰓吸取水中的氧氣。幾乎所有的魚類都有鱗片。大多數的魚類都會產下軟殼的魚卵，不過像鯊魚這樣的魚類則會生出幼魚。金魚、小丑魚、鰻魚和大白鯊都屬於魚類。

無脊椎動物的世界

全世界大約有97%的動物是**無脊椎動物**。
牠們沒有脊椎，而是擁有完全柔軟的身體或堅硬的外殼。
無脊椎動物可以分成三十多種不同的類別。這裡列出一些常見的類別。

昆蟲類

這類動物有幾個出了名的地方。首先，牠們是地球上最大宗的動物。其次，牠們是最先可以飛行的動物！**昆蟲**有6隻腳、3截身、1對觸角，以及堅硬的**外骨骼**（在身體外的骨骼）。許多昆蟲也有翅膀。從甲蟲到蝴蝶再到殘暴的螳螂，都屬於無脊椎動物。

蝴蝶

甲殼類

甲殼類與昆蟲類是近親。甲殼類有堅硬的外殼與有關節的腳。牠們主要生活在水中，不過像木蝨這類甲殼動物則生活在陸地上。許多甲殼動物都有螯，並且用它來抓取食物或保護自己。從小小的磷蝦到巨大的日本蜘蛛蟹，都屬於甲殼類。

日本蜘蛛蟹

蜘蛛

章魚

蛛形動物

大部分的**蛛形動物**有2截身體及8隻腳。牠們可能生活在陸地上,也可能生活在水中。蛛形動物具有堅硬的外殼,但跟昆蟲不一樣,牠們沒有觸角或翅膀。牠們大多是掠食者,有好幾雙眼睛可以觀察獵物。蟎蟲、蜱蟲、蜘蛛和蠍子都屬於蛛形動物。

軟體動物

軟體動物的大小及形狀差異很大。牡蠣、蛤蜊、章魚、蝸牛和大型魷魚都是軟體動物。所有的軟體動物都有柔軟的身體,而許多軟體動物也有能保護自己的堅硬外殼。大多數的軟體動物都生活在水中,會四處游動及爬行。有些軟體動物如蛞蝓,沒有中央大腦,然而像章魚這類的軟體動物卻有相當大的大腦。章魚會用岩石和貝殼築巢,還會避開掠食者並伏擊獵物。

海葵

刺胞動物

刺胞動物只生活在水中。牠們在生命初期像是隻固定不動的圓柱狀蟲。刺胞動物成年後,有一些會改變身體形狀,好讓自己能夠游泳。所有的刺胞動物都有刺細胞,可以用來捕捉獵物或抵禦掠食者。珊瑚、海葵和水母都屬於刺胞動物。

生命周期

就像植物與其他的生命形式，每種動物也會經歷一個生命周期。
動物會出生、長大，生下自己的後代，變老然後最終死去。
牠的孩子可能也會有自己的小孩，這個生命周期會這樣持續下去。

各式各樣的動物生命

動物寶寶是從蛋中孵出，或是被生下來。有些動物生下來時就跟父母長得很像，有些則在成年前會經歷巨大改變。每種動物都具有獨一無二的生命周期。

新生幼獅　　　　　　小獅子　　　　　　成年獅子

長大

大多數的哺乳動物都是直接從媽媽肚子裡生出來的。他們出生時就跟父母長得很像，但隨著年紀增長，體型會變得越來越大。哺乳動物會餵給寶寶乳汁，直到牠們可以自行覓食。人類照顧寶寶的時間比其他任何動物都還要長，這有部分是因為我們在出生時是完全無助的，而且成長得非常緩慢。大多數哺乳動物的生命周期都比人類的短。舉例來說，一隻幼獅在10天大時就可以開始走路了，而獅子到了3至4歲左右就可以孕育自己的寶寶了。

展開翅膀

許多昆蟲都是從**幼蟲**，也就是剛孵化的生物開始成長。昆蟲的幼蟲看起來就像小小長長的毛毛蟲。幼蟲進食後會漸漸長大，在過程中有時會脫皮。幼蟲一旦長得夠大，就會化作**蟲蛹**或**蟲繭**。接著牠會一動也不動地待在蟲蛹或蟲繭中，度過這段進行變態的時期。

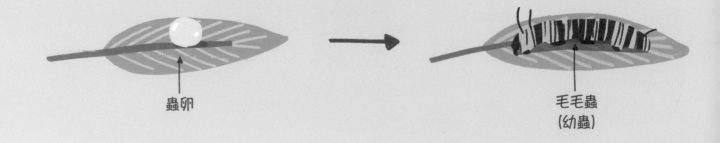

蟲卵　　　　　　　　　　　　毛毛蟲
　　　　　　　　　　　　　　（幼蟲）

雞蛋

雞

孵化

🐾 破蛋而出

鳥類的生命從鳥媽媽生出來的蛋開始。魚類、兩棲類及爬蟲類大部分也會下蛋。鳥類通常會坐在蛋上讓蛋保持溫暖直到孵化。小鳥寶寶就在蛋裡頭長大。當寶寶準備好了，就會啄破蛋殼，這時就會出現一隻**雛鳥**。隨著時間過去，雛鳥就會逐漸長大為成鳥。

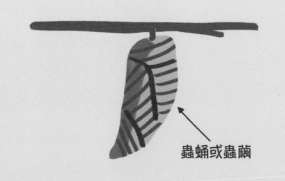
快來
看看吧！

小雞

在蟲蛹或蟲繭中，幼蟲的身體發生了被稱為「變態」的變化過程。最終牠會以成蟲的樣貌破繭而出。

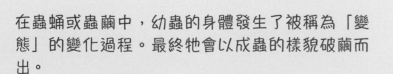
蟲蛹或蟲繭

蝴蝶

繁衍需求

動物需要繁衍後代，好讓物種的生命得以延續。
有些動物會生一大堆寶寶來確保生存，有些則是一次只專心照顧一個寶寶。
每種動物都有自己的繁衍方式。

 ## 生寶寶

幾乎所有的動物都需要一個**雄性**及一個**雌性**才能生育後代。牠們兩者必須進行**交配**才會有寶寶。無論是羊、長頸鹿還是人類等動物，寶寶都是在雌性的體內生長，這個過程就叫**懷孕**。當寶寶長到可以存活時，就會出生來到世上。

 ## 在媽媽的育兒袋裡

有一類哺乳動物稱為**有袋動物**，牠們會在寶寶還很小且發展還不完全時就把牠生下來。寶寶一出生，就會直接進入媽媽身上的育兒袋裡，繼續發展長大，直到準備好可以在世界上生活為止。袋鼠、無尾熊及袋熊媽媽身上都有這種用途的袋子。

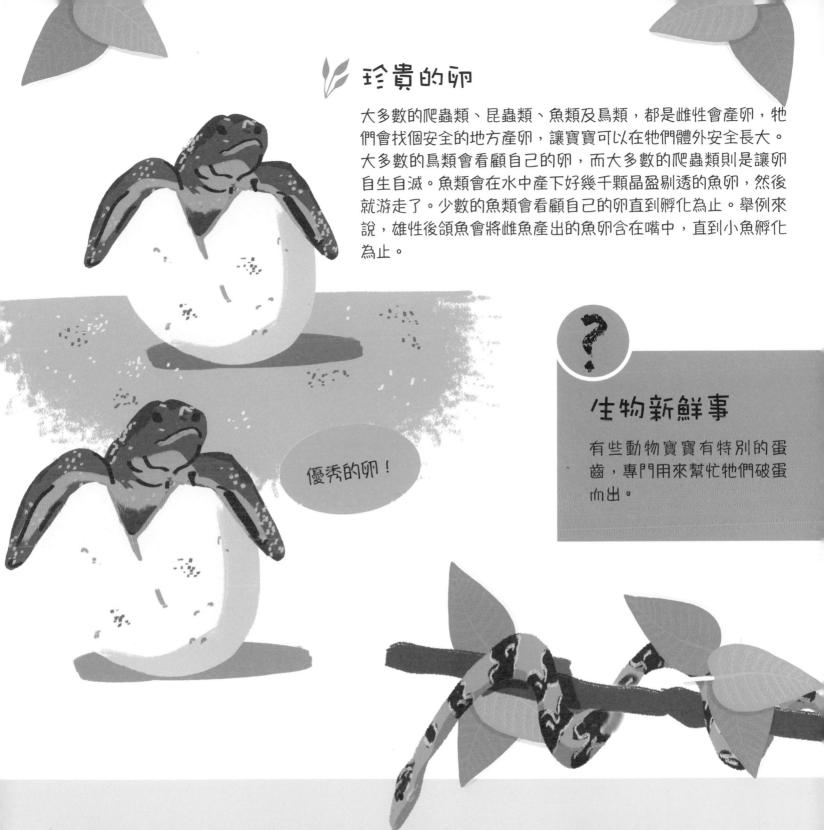

珍貴的卵

大多數的爬蟲類、昆蟲類、魚類及鳥類，都是雌性會產卵，牠們會找個安全的地方產卵，讓寶寶可以在牠們體外安全長大。大多數的鳥類會看顧自己的卵，而大多數的爬蟲類則是讓卵自生自滅。魚類會在水中產下好幾千顆晶盈剔透的魚卵，然後就游走了。少數的魚類會看顧自己的卵直到孵化為止。舉例來說，雄性後頷魚會將雌魚產出的魚卵含在嘴中，直到小魚孵化為止。

優秀的卵！

？

生物新鮮事

有些動物寶寶有特別的蛋齒，專門用來幫忙牠們破蛋而出。

動物中的例外

按慣例總是會有些動物的行為跟其他類似物種不同。鴨嘴獸就是世上僅有5種會產卵的哺乳動物之一，這類動物稱為**單孔類動物**。鴨嘴獸的嘴喙、有蹼的腳、身上的毛皮、有毒的刺，再加上會產卵等特徵，讓首次發現牠的科學家感到非常困惑！有些蛇會直接生下寶寶，也有些蛇會產卵。有些甚至是結合**2種**方式，將蛋保留在身體內，直到寶寶準備好孵化為止。

追蹤食物鏈

每種動物都得進食。沒有食物，動物就得不到能量。
沒有能量，動物就無法存活。
有些生物會自己製造食物，但動物不行。
這就是為什麼會有食物鏈。

 ## 食物鏈

這個跨頁中所畫的**食物鏈**，顯示出吃與被吃的一連串生物。每個食物鏈都始於**生產者**。生產者就是可以自行製造食物的生物，例如植物。在食物鏈中，每種以他種生物為食的生物都稱為**消費者**。

在食物鏈中最初階的一批消費者叫做**初級消費者**。如果牠們只吃植物，就是**草食動物**。吃初級消費者的動物就稱為**次級消費者**。再接下來的動物就是**三級消費者**。以其他動物為食的動物稱為**肉食動物**。有些動物則是動植物都愛吃，牠們是**雜食動物**。

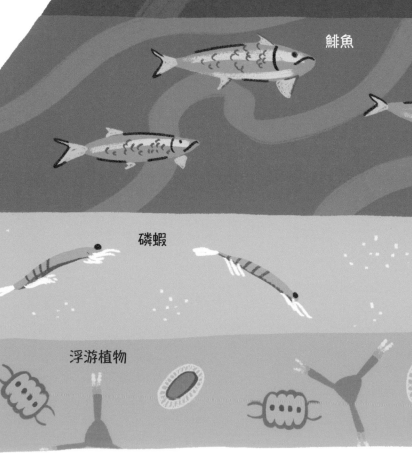

鯊魚

鮪魚

鯡魚

能量金字塔

磷蝦

浮游植物

捕獵還是被獵

自然界中的動物無論如何都得找到方法獲得食物，好讓自己能夠存活下去。許多動物為了食物而狩獵，牠們被稱為**掠食者**。被牠們捕獵的動物則被稱為**獵物**。若是一隻貓頭鷹吃了一隻老鼠，貓頭鷹就是掠食者，而老鼠就是獵物。

橡樹
(生產者)

昆蟲
(初級消費者)

啄木鳥
(次級消費者)

老鷹
(三級消費者)

能量轉移

能量始於創造食物的生產者，它們通常經由光合作用製造養分。當一種動物吃下另一種動物時，食物鏈中的能量就會沿著鏈結傳遞下去。箭頭的方向顯示的是能量轉移的方向，也就是養分移動的方向。

能量在每一層的食物鏈中都會遞減，形成了能量金字塔。需要許多生產者才能養活金字塔頂端（也就是食物鏈頂端）的那隻動物。

能量遞減

咀嚼大餐

動物吃下食物，取得能量及養分，然後排出所有不需要的廢物。
不同的動物會吃不同的食物，而且牠們的身體也會去適應牠們吃下的食物。

進食與排泄

大多數的動物用嘴巴來進食。然後食物會進入身體，其中的能量就會被身體吸收。這個過程就稱為**消化**。任何剩下的殘渣（食物中不需要的部分）就會排出體外。

人類與狗及犀牛等許多哺乳動物都是**單胃**消化系統，這表示牠們只有1個胃。牠們可以吃下富含能量的固體食物。相反地，有些哺乳動物，例如乳牛及長頸鹿，則有4個隔開的胃。這稱為**反芻**消化系統。在前兩個胃中，低能量植物會被分解成固體及液體，然後固體部分會回到嘴巴進行再咀嚼。在接下來的胃中會有細菌之類的微生物來幫助消化、分解食物，好從中取得最多的能量。這種類型的消化系統不會用來消化高能量的食物與蛋白質。

超級胃！

沒有牙齒的動物

雞和紅鶴等鳥類也具有不同的消化系統：**禽類**消化系統。牠們沒有牙齒，而是用嘴喙啄食食物。有些鳥類甚至會吃下小石頭或沙子來幫忙磨碎胃裡的食物。牠們的胃有一部分跟人類的胃相似，另一部分則是**沙囊**。沙囊是個由肌肉組成的**器官**，在養分最終被吸收之前，會用小石頭或沙子來磨碎食物。

牙齒的種類

草食動物與肉食動物有著形狀迥然不同的牙齒。草食動物用**扁平的圓牙**來擠壓及磨碎吃下的植物。肉食動物則用**鋒利的尖牙**來劃開及撕裂獵物的肉。鯊魚有高達3,000顆的多排牙齒，以便隨時取代失去的牙齒，其中有些牙齒的尖端朝後，讓獵物一進到牠們嘴裡就逃不掉了。

生物新鮮事

紅鶴出生時有著蓬鬆的白色羽毛。牠們在成長期間會吃下粉紅色的蝦子和藻類，所以羽毛才會變成粉紅色！

各式各樣的骨骼

骨骼是由骨頭及軟骨組成的架構，用來支撐及保護生物的身體。
有些動物的骨骼長在身體內部，有些則長在身體外部，還有一些根本沒有骨骼！

內骨骼

像人類、馬、青蛙和魚等所有的脊椎動物體內都有骨骼。這種骨骼稱為**內骨骼**，它們在支撐身體的同時，也能保護內部脆弱的器官。隨著生物體長大，內骨骼也會長大。人類身體內有超過200根骨頭。蛇則有高達600根的骨頭！

外骨骼

許多無脊椎動物的骨骼是長在身體外面，而不是身體內部。這種骨骼稱為**外骨骼**，它可以為螃蟹、龍蝦及蜘蛛等無脊椎動物提供堅硬的外在結構及保護。這類動物長大時會脫去外骨骼，形成新的外骨骼。蚱蜢在一生當中可能要經歷5次脫殼（脫去外骨骼）。

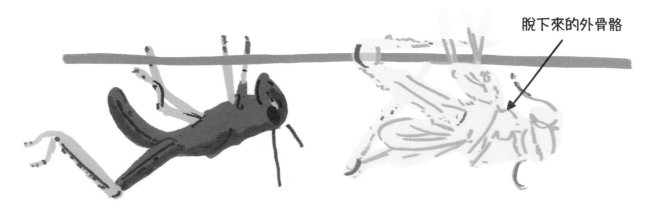

脫下來的外骨骼

蛤蜊及蝸牛這類軟體動物沒有外骨骼，但牠們有堅硬的**殼**。這個殼會保護牠們柔軟的身體，並賦予牠們遇到危險時可以躲避的地方。這個殼會沿著邊緣擴大，好隨著牠們一起長大。

殼

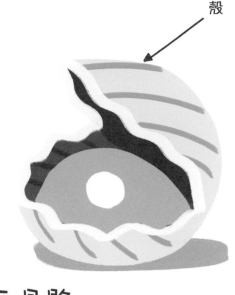

內骨骼

在你的殼中

無骨骼

有些動物既無內骨骼，也沒有外骨骼。這類無脊椎動物包括了水母及蠕蟲。不過牠們擁有**靜水骨骼**，也就是牠們體內的液體。牠們藉由這些液體來維持身體形狀與移動。

達爾文

達爾文於1809年出生在英國。他在一生當中研究了眾多動物、植物及岩石。他對生物及**演化**（生物隨著時間改變的方式）進行了許多觀察，其中包括了一個跟骨骼有關的趣事。他注意到像狗與人類這些有四肢的動物，甚至還有海豚，在肢體上都具有相同的骨骼構造。因此，他的結論就是有四肢的動物在幾百萬年前有著**同樣的祖先**。這表示你可以說自己與暴龍有親戚關係！

為了活下去！

動物的最終目標就是要活下去。
每種動物都具備特殊的能力，以便找到食物與逃離掠食者。

🐾 生存

每種生物都具有生存的本能。人類會進食、找尋安全之處，建立可以遮風避雨的住所。但在野生動物的世界中，生物們必須為自己的生命，以及後代的生命而戰。面對這樣的挑戰，有些動物就得仰賴強大的狩獵技巧，因此牠們是**進攻**的一方。其他動物則會採取保護自己或躲藏起來的策略好生存下去，因此牠們是**防守**的一方。許多動物既會發動攻擊，也會採取防禦措施。

🐾 防守戰術

一隻動物受到威脅時，可能就得採取防衛措施。許多動物為了避免開打，會試著嚇跑攻擊者。有些動物，像是大型的犰狳，會用後腳站起來，這樣看起來比較高，更有威脅性。其他也有會膨脹、抖動羽毛或是張開耳朵的動物。傘蜥蜴的脖子上有傘狀薄膜，可以展開嚇唬別的動物。維吉尼亞負鼠則會採取完全不同的戰術：牠受到威脅時會裝死，因為牠的掠食者大多都不想吃腐敗的肉。

🐾 毒液

毒液可以用來作為防禦或攻擊的戰術。金色箭毒蛙會經由皮膚釋放毒液。不小心把牠吃下肚的話，牠的毒性可是全世界有毒動物最毒的那一批。金色箭毒蛙的明亮金色皮膚就是在警告別的動物牠會致命。另一方面，響尾蛇則用毒液來捕捉獵物。響尾蛇咬住目標時，會經由名為獠牙的鋒利中空牙齒釋放毒液。毒液會癱瘓獵物，讓響尾蛇得以享用大餐。

金色箭毒蛙

痛啊！

有些動物的武器不是真的要給對方致命的傷害，只是要給個警告而已。舉例來說，豪豬受到威脅時會豎起身上堅硬鋒利的刺。如果攻擊者靠得太近，牠甚至會放出一些刺，插入攻擊者身體。唉呀，好痛！舊的刺用掉之後，還會再長出新的刺來。

放出臭氣

有的動物可以放出臭氣來嚇跑攻擊者。臭鼬可以從尾巴根部釋放出難聞的液體。牠可以將臭液噴灑到4公尺遠的目標身上，差不多是輛小型車的長度了。

臭鼬

 ## 捉迷藏

偽裝是許多野生動物會使用的策略。這些動物已經**演化**到可以融入周遭的環境中。變色龍就是靠偽裝能力出名的動物之一。牠可以切換各種顏色，好隱身在樹葉或花朵間。也有其他動物的外表會隨著季節變化。例如北極兔在夏天時身體是棕色的，好藏身在岩石間；但到了冬天，就幾乎變成純白色，好融入雪地裡。

北極兔

Chapter 4

棲地與共居

地球各地的天氣與自然景觀差異極大。
極地是嚴寒的氣候,而赤道周圍則是一年四季都非常炎熱。
不過,無論是極地還是赤道,無論是山頂還是沙漠,
都有生物在那兒建立自己的家園。
不同的物種隨著時間演變,
已經適應了不同的溫度與地域。

生態學是在研究生物體彼此之間,
以及生物體與特定環境之間有著何種的關係。
其中包括了生物居住的地方、**氣候**影響牠們的方式、
牠們與同空間中的其他生物互動的方式,
以及人類對牠們家園的影響。
無論你住在城市或鄉間,
在閱讀這一章時,
請想想你居住地中的生物吧。

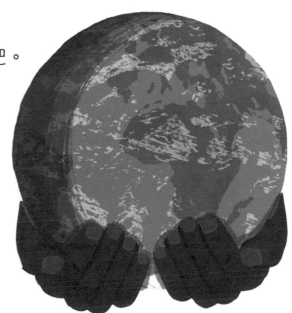

全球棲地

棲地就是動物、植物或其他類生物居住的地方。
生物的棲地就是生物可以找到食物與住所的地方。
從沙漠到池塘、從腐爛的木頭到熱帶雨林,全都是生物棲息的範圍。

🏠 住在心愛的家中

每種生物都會適應自己居住的棲地。生物在自己的棲地中可以找到食物、適合的住所,以及適量的陽光與水。

例如非洲草原象會在非洲大草原與森林棲地之間移動。牠們的身體已經適應食用在那裡找得到的草、樹葉及樹皮。牠們也已經適應有雨季及旱季的當地氣候。氣候指的是一個地區常見的長期天氣模式。大象在旱季時會用象牙挖掘河床,製造新的水坑。大象也會與居住在同個棲地的生物**互動**。大象的糞便可以傳播植物的種子,糞金龜也會在裡頭產卵!

🏠 氣候控制

每個棲地中,食物與住所(從樹林到草叢)都受到氣候與更廣大的**環境**影響。若是氣候有變化,食物與住所就可能變得較不易取得。疾病、天然災害與人類活動也可能會影響特定生物能否取得資源。若是棲地變化得太大或太快,生物最終可能需要尋找新的棲地。

像在家那般
自在!

🏠 水循環

全球的棲地因為可以獲得的陽光及**水量**不同而有所差異。像雨林這種降雨量高的地區，便擁有種類較為豐富多元的動植物。乾燥沙漠的生物較少，牠們／它們已經適應了這種水量有限的地方。地球上的水在**水循環的過程**中不斷流動與循環。

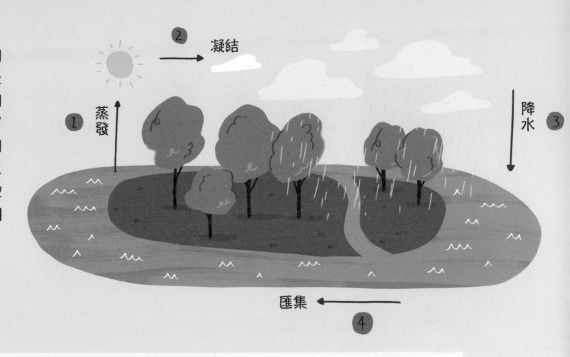

1. 太陽**蒸發**湖泊、河流與海洋中的水分。水變成水蒸氣並上升到天空中。

2. 天空中的水蒸氣遇冷**凝結**成看起來像雲的小水滴。

3. 雲中的水滴變重，以雨或雪的形式落下，回到地面。這樣的過程就稱為**降水**。

4. 雨水流過地面，進入河流，又回到海洋中。這樣的過程就稱作**匯集**，然後水循環再次啟動。

生物群系

從沙漠到草原、從海洋到森林，地球上有著廣大的**生物群系**。生物群系就是個適應某個地理區域與當地氣候的大型生物社群。

美麗的生物群系

在全世界的不同地區都可以發現類似的生物群系。例如在歐洲、北美與許多其他地區，都可以發現溫帶森林生物群系。一個生物群系可以分布在許多不同的棲地。溫帶森林中的落葉與樹枝也算是一種棲地。

科學家將地球分為5至20個生物群系。以下提到的是一些常見的生物群系。

各式各樣的生物群系

極地生物群系：由於極地有著滑溜的冰層與嚴寒氣候，所以不是所有生物都適合在此處生活。事實上，冬天氣溫下降時，有些動物會遷徙到氣候較溫暖的地方。而包括企鵝及北極熊在內的某些動物，則能夠在地球兩極的惡劣環境中生生不息。

熱帶森林：這個溫暖潮溼的棲地有著比其他生物群系都還要多的物種。樹木向上伸展到空中以獲取陽光，在樹冠處創造出充滿陽光的棲地，並在下方創造出陰暗的棲地。雨林中充滿了動物、植物與真菌等各種生物。

溫帶森林：這個生物群系中充滿了樹木，有寬闊平坦葉子的樹木（落葉木），也有針狀葉的樹木（常綠木）。這個地區一年之中會有四季變化，落葉木的葉子會經歷無止盡地生長、變色與掉落的周期循環。許多動物會吃樹上的種子、堅果、樹葉與莓果。

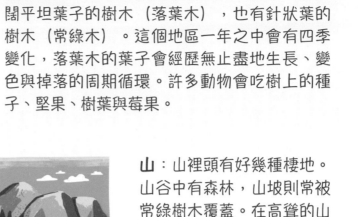

山：山裡頭有好幾種棲地。山谷中有森林，山坡則常被常綠樹木覆蓋。在高聳的山頂上，氣候寒冷多風。只有極少數的植物可以生活在山頂上，像是苔蘚這類貼地植物才有辦法生存下來。

沙漠：在這個最為乾燥的生物群系中，動植物（例如仙人掌）都得要具備長期儲水的特殊能力。沙漠可能會很冷，也可能會很熱，這取決於它們與赤道的距離。在炎熱的沙漠中，許多動物會躲在岩石下或洞穴中，以避開白天的炎熱，然後到了比較涼爽的夜晚再出來覓食。

草原：這裡的雨量比沙漠多，但比森林少，地面主要被草所覆蓋。草所需的雨量比高大的樹木少。草為成群的草食動物提供食物，而草食動物接續又成了獅子這類肉食動物的完美獵物。世界各地遍布各種名稱不同的草原，例如熱帶大草原、北美大草原及南美大草原。

水：覆蓋地球表面三分之二的水中也有生物群系。淡水或鹹的海水中都有生物群系存在。從微小的浮游生物到巨大的鯨魚，至少有100萬種動物生活在海洋中。海洋生物群系的棲地從陽光充足的珊瑚礁，到黑暗的海底都包括在內。

共同合作

沒有生物可以獨自存活。
需要有植物與動物所組成的一整個團隊，
再加上許多的無生命元素，才能讓整個生物社群生機盎然。

 ## 生態系統的作用

岩池生態系統

生物與非生物在棲地中的互動就稱為**生態系統**。能量、營養成分與其他物質在生態系統中傳遞。生態系統需要其中的每個元素都達到**完美平衡**。一根樹幹、一座岩池或是廣闊的森林，都可以自成一個生態系統。無論是一種動物，還是空氣中的二氧化碳，生態系統中的每個部分都會影響其他部分。

 ## 樹木與其他生物

生態系統中的每個生物都有自己的棲地。但生物無法獨自生存，牠們／它們得與社群中的其他生物**互動**。舉例來說，住在樹上的昆蟲以葉子為食，而鳥類則會用樹枝築巢。

 ## 回收與再利用

生態系統中除了生物之外，還有空氣、水及土壤等資源。生態系統中的一個關鍵要素是**回收**。養分、能量與水都會經過再利用的程序，以長久支撐生物社群。舉例來說，動物死亡時，牠的身體會在土壤中腐爛，留下有助於植物生長的養分。

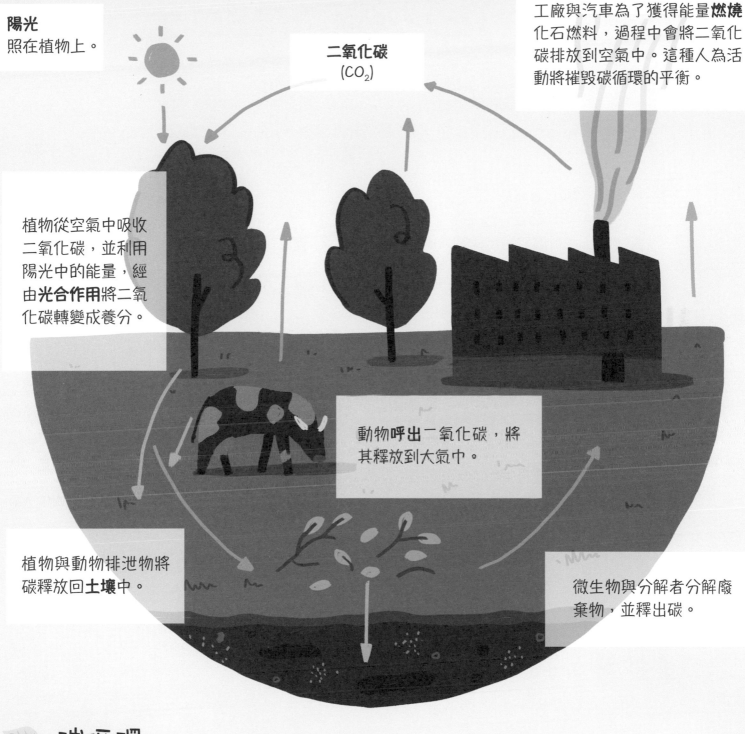

陽光
照在植物上。

二氧化碳
(CO_2)

工廠與汽車為了獲得能量**燃燒**化石燃料，過程中會將二氧化碳排放到空氣中。這種人為活動將摧毀碳循環的平衡。

植物從空氣中吸收二氧化碳，並利用陽光中的能量，經由**光合作用**將二氧化碳轉變成養分。

動物**呼出**一氧化碳，將其釋放到大氣中。

植物與動物排泄物將碳釋放回**土壤**中。

微生物與分解者分解廢棄物，並釋出碳。

碳循環

所有生態系統中的其中一種關鍵要素就是**碳**。碳經由植物、動物與空氣不斷被**回收**再利用，支撐起地球上的生命。**碳循環**是經過精心設計的自然平衡，但人類燃燒化石燃料會破壞這個平衡。

各式各樣的生命

世界上的每個角落都可以發現生命，
不過有些角落的生命種類要比其他角落來得豐富！
了解這一點對長期保護我們的星球很重要。

生命的種類

生物多樣性是指某個特定區域所擁有的
不同生命種類。舉例來說，雨林很溫暖
且有充沛的雨水，因此可以支撐多種不
同的生物。雨林的動植物都有高度的生
物多樣性。在另一個氣候極端的極地區
域，那兒的生物多樣性就低得多了。嚴
峻的環境代表只有少數物種可以在那兒
存活。生物多樣性高的地區比較**穩定**，
對生態系統變化的耐受度，也比其他地
區要來得好。

物種豐饒的雨林

亞馬遜雨林是無數物種的家
園，有昆蟲類、爬蟲類、鳥
類、植物與其他各種不同的
生命形式。這裡是地球上最
具生物多樣性的地區之一。

生物新鮮事

在雨林中，因為樹木及葉子密密麻麻地交織
在一起，所以一滴雨水可能得花10分鐘的時
間才能落到地面。

露生層

在森林的上層中，長得最高的樹木離地面的高度可達60公尺。露生層接收到最多的陽光。你在這裡可以發現翱翔的鳥類和亮麗的蝴蝶沐浴在陽光下。

樹冠層

雨林中的大多數動物都居住在葉子密密麻麻的樹冠層，這些動物包括了樹懶、猴子、巨嘴鳥和樹蛙。牠們之中有許多鮮少下到雨林的地面，因為樹上有牠們生存所需的一切。

下層

下層的陽光要比樹冠層來得少。有著大型葉片的小型灌木，為蝙蝠及蛇等動物提供住所。

森林底層

幾乎沒有陽光能穿透枝葉來到地面，森林底層又暗又溼。昆蟲、蜘蛛與像食蟻獸之類的哺乳動物，在這裡覓食與建立家園。

食物網

在任何的棲地中，
許多生物都是在彼此共存的情況下延續自己的生命。
但動物無法自己製造食物，牠們必須以其他生物為食。
每隻動物的生命都與其他生物息息相關。

 食物網

食物鏈是由吃與被吃的一連串動植物所組成。養分與能量經由食物鏈，從最底層的生產者轉移到最上層的終結者。以北極熊為例，牠的食物鏈可能會是：

浮游生物	→	磷蝦	→	海豹	→	北極熊

食物網顯示了在一個生態系統中，將不同食物鏈連結在一起的樣子。同一種生物可以為不同食物鏈中的動物提供食物。食物網顯示了所有生物如何互動。

右圖的北極食物網除了涵蓋上方的北極熊食物鏈之外，也顯示了這條食物鏈與其他食物鏈之間的關係。我們可以看到殺人鯨與北極熊有時會爭奪同樣的食物。在這個食物網中，殺人鯨與北極熊都是**頂級掠食者**。這表示牠們位於食物鏈的頂端，除非牠們生病、太年幼或已經死亡，不然沒有生物會吃掉牠們。

鱈魚

浮游生物

蝦

關聯性

一個食物網中的各式食物鏈彼此密切關聯，那麼若是其中一部分發生變化，會造成什麼影響？舉例來說，若是浮游生物不見了，整個食物網就會崩潰。鱈魚與蝦子就會沒有食物可吃，只能移居其他棲地或是等死。鱈魚及蝦子的數量減少時，在食物鏈頂端的動物也會有挨餓的危險。每條食物鏈都處於不穩定的平衡之中。

北極燕鷗

北極熊

海豹

殺人鯨

?

生物新鮮事

北極熊可以聞到1公里遠外的獵物。牠們的嗅覺強大，甚至可以聞到海洋冰層下的海豹。

值得思考的事！

環境變化

人們常說，生活中唯一不變的就是變化。
在地球漫長的歷史中，生命所處的環境一直在改變，
有時緩慢，有時則是非常快速。

⚖ 維持平衡

生態系統是個由物種及資源組成的微妙互聯網絡。這些物種彼此互動並相互依賴。生態系統中的資源必須足以維持所有生物的生命。如果不是如此，或是資源突然消失，整個系統就會失去平衡。

⚖ 生命的關鍵

有幾種生物對整個生態系統的存續非常重要。這些生物被稱為**關鍵物種**。牠們支撐起整個生態系統，少了牠們，生態系統就會改變或停止運轉。關鍵物種可能是鯊魚之類的掠食者。鯊魚吃小魚，就能避免小魚吃掉所有海草。

關鍵物種也可能是像河狸這樣的**生態工程師**（會改變自然景觀的生物）。河狸會築水壩，清除森林中死掉的樹木，給新的小樹空間生長。牠們築的水壩還會將水流引至其他動植物生活的溼地。沒有河狸，許多動物就無家可住了。

忙碌的河狸！

⚖ 天然災害

天然災害是發生在自然界的重大事件，會對人類、植物及動物造成災難性的影響。

火山足以摧毀整個棲地。當情況最終變得比較穩定時，可以在惡劣環境中生存的新物種將來到這裡，建立新的棲地。若火山不再爆發，森林或許能在150年內重新長回來。

野火傳播迅速，並對所到之處造成災難。野火可能是雨水太少、熱氣過剩，以及閃電等綜合因素所造成。一旦起火，它能以每小時20公里以上的速度在森林中延燒，幾乎跟奔跑中的公牛一樣快。動物可能來不及逃離。比如澳洲森林大火時，許多失去家園的無尾熊就逃往城市去了。森林最終重新長回來時，新生命就能再次進駐。

海嘯是會淹沒陸地的巨大海浪。海底地震或火山爆發會引發海嘯，而襲擊海岸的海嘯足以摧毀上頭的所有生命。海嘯還會影響水中的生態系統。舉例來說，若是珊瑚礁魚出了狀況，以牠們為食的礁鯊就得到別的地方覓食了。

氣候變遷

地球的氣候隨著時間自然而然地發生改變。
地球上大部分的區域在過去都曾遭到冰層覆蓋！
但近年來，地球的溫度上升得要比過往還快。

氣候變遷

地球溫度上升的過程被稱為**氣候變遷**，或全球暖化。科學家推算在過去140年間，地球的平均溫度上升了攝氏1度。1度聽起來或許不多，卻會對全世界的棲地與生物有巨大影響。

原因

地球的氣候會一直變化，但近來變化速度加快正是人類造成的。我們開發土地、擴張城市，並且使用越來越多的化石燃料時，地球因此蒙受其害。

化石燃料：燃燒石油與煤炭這類化石燃料時，二氧化碳就會排放到大氣中。二氧化碳就像毯子般裹住地球，將太陽的熱團團圍住，造成地球暖化。這個現象就稱為**溫室效應**。

二氧化碳：我們知道**碳**是生命不可或缺的元素，但它存在於微妙的碳循環中，以確保不會有過多的碳滯留在空氣中。近來，大氣中增加的二氧化碳含量比被移除的還要多。二氧化碳是強大的溫室氣體，再加上人類砍伐森林，等於是把移除空氣中二氧化碳的主要幫手給去除了。

農業：畜牧養殖等農業活動會對地球造成影響。舉例來說，乳牛吃草，然後從嘴巴或屁股排出氣體。這種被稱為**甲烷**的氣體是種**溫室氣體**。當全世界的15億頭乳牛一同排出這種氣體，就會對大氣造成嚴重影響！

● 影響

地球暖化的速度快過部分生物可以適應的速度。上升的溫度造成了天氣變化，接著又影響到全球的野生生物。

天氣：隨著全球溫度上升，天氣將變得更極端、更無法預測。某些地區受暴風雨帶來的大雨及洪水襲擊的頻率增加了，而有些地區的乾旱（長期無雨的情況）卻變得更加嚴重。海冰融化，造成海平面上升，影響到沿海的棲地。

野生動物：隨著天氣及自然景觀改變，動物的家園也跟著改變了。舉例來說，北極的海冰融化，北極熊因此失去狩獵休息的地方。在比較溫暖的海岸，因為海平面上升，海龜失去了築巢的海灘。花卉及它們盛開的時間改變，影響了仰賴它們生活的鳥類及昆蟲。生態系統中的每一條連結，都感受得到地球暖化的影響。

融化的海冰

人類造成的衝擊

人類對地球所造成的衝擊，遠比其他物種要多得多。
我們之中有太多人對地球上的棲地，
有著強大的破壞力或助力。

 ## 砍伐森林

人類在世界各地砍伐森林，以便有空間建造新家、道路、工廠、農田、礦井等等。突然之間，可以吸收空氣中二氧化碳的樹木就消失了。這表示會有過多的二氧化碳滯留在空氣中，造成地球的溫度上升。

砍伐森林也會讓野生動物失去家園。美國南部到阿根廷一帶，曾經都能發現美洲豹的蹤跡，但如今牠們的棲地已縮減一半，主要都位在亞馬遜的雨林。

伐木卡車

海龜

塑膠垃圾

隨手亂丟的塑膠瓶可能會成為每年流入海洋的800萬噸塑膠垃圾的一部分。風雨會將垃圾帶進排水溝、河川或溪流，最終匯集到海洋，造成魚兒可能吃進這些塑膠垃圾。然後大魚吃小魚時也順便吞下這些塑膠垃圾。塑膠垃圾可能會填滿魚兒的胃，讓牠們無法進食。此外也可能會纏住動物的鰭，讓牠們難以游動與存活。

污染

為了電力與交通而燃燒化石燃料會**污染**地球，讓全球暖化的現象進一步惡化。微小顆粒以及臭氧與一氧化碳等氣體形式的空氣污染，會使人們的氣喘加劇。空氣污染可能也會讓雨變酸，進而影響池塘及湖泊這類淡水棲地。

電廠

連鎖反應

20世紀時，土撥鼠曾因被農民視為有害的動物，造成牠們的棲地有98%都遭到摧毀。問題是，沒有了土撥鼠，牠們的主要天敵黑腳貂就沒有食物可吃了，因而造成黑腳貂近乎**滅絕**。今日，保育人士正在努力復育土撥鼠與黑腳貂，好讓牠們的數量再次增長。

土撥鼠

保護環境

人類雖然會破壞生態系統，但我們也可以保護這些系統。
我們也可以採取行動保護野生動物，以及我們的地球家園。

清潔能源

煤炭與石油這類化石燃料會污染大氣。要幫助地球的重要方法就是，以清潔能源取代這些化石燃料。清潔能源包括了太陽能與風力等天然資源，這些資源具有不會耗盡的優勢。**太陽能板**可以吸收陽光，接續再轉換成電力，供給機器或房屋暖氣使用。大型**風車**則可利用風力產生電力，將動能轉變成電能。

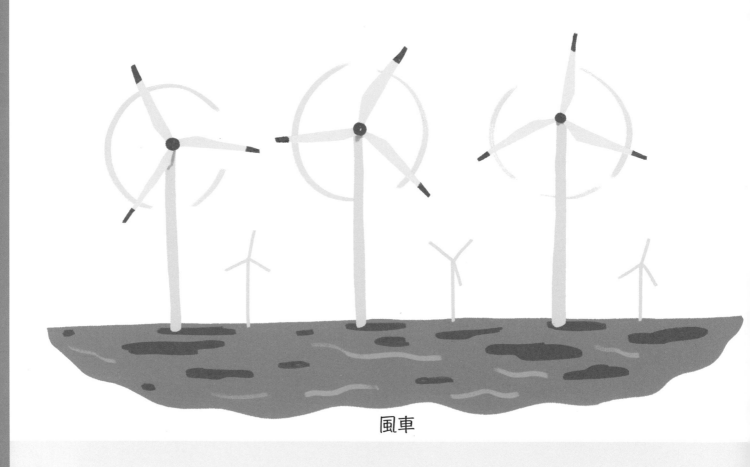

風車

回收

像紙、金屬、玻璃、布料與塑膠這類材料可以**回收**，並經由加工與改造變成新的產品或包裝。回收降低了需要掩埋或焚燒的垃圾量，也減少了使用原物料製造產品的資源與燃料量。我們還可以經由盡可能重複使用產品與選擇包裝較少的產品，來減少垃圾量。

綠化

種植新的森林，就會有新的樹木幫忙吸收空氣中的二氧化碳。你可以在能力所及的範圍內，在家種植一些蔬菜與其他植物，以及購買居住地附近種植的食物。你不可能種植所有你需要的食物，但每一株植物都有助於減少空氣中的二氧化碳，降低運送食物到商店所需的卡車與飛機數量。

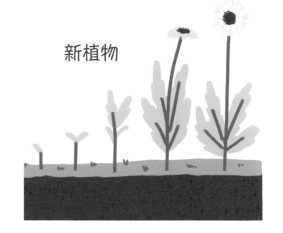
新植物

保護物種

物種**瀕臨滅絕**時，人類有時會出手相助，但人類通常是摧毀生物棲地或捕獵動物的禍首。人類為了穿山甲的鱗片與肉而獵殺牠，導致穿山甲的數量劇減，瀕臨絕種。各國政府已經制定法律保護各類瀕危物種，但光這麼做可能還不夠，因為有越來越多的物種正瀕臨滅絕。

穿山甲

電力

為了取代會釋放二氧化碳到空氣中的汽油及柴油，科學家們發明了使用**電力**的車子。這些電動車使用電池作為動力，並且可以充電。研究人員認為電動車最終將能取代使用化石燃料的汽車，減少二氧化碳的排放量，但前提是電力不能來自燃煤發電廠。

電動車

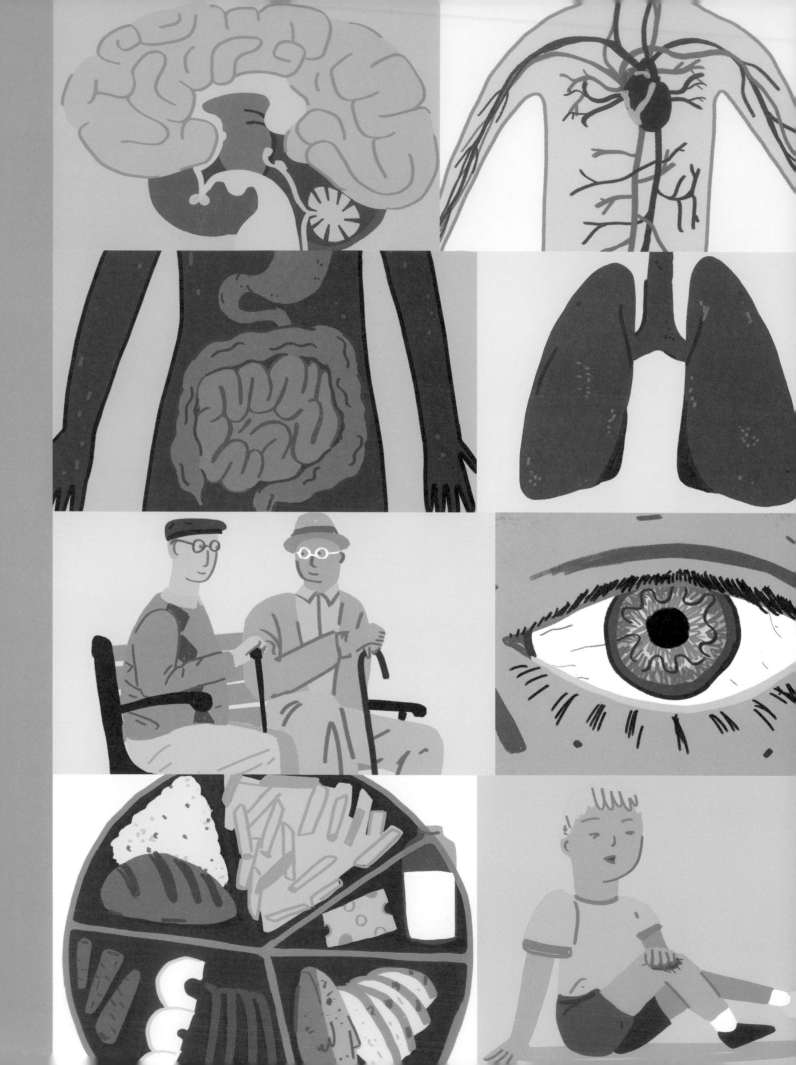

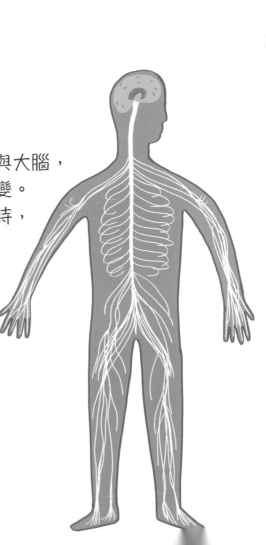

Chapter 5

人體的奧妙

人體就像一台運作順暢的機器，
一台壯觀且神奇的機器。
人體是由許多器官一起合作，
創造出一個可以呼吸及思考的活生生個體。
神奇的是，
雖然我們都有相同的器官，
但我們也都是獨立的個體。

人體解剖學在研究人體的結構，
以及各個器官如何運作。
其中包括了骨骼與肌肉、胃部與神經、心臟與大腦，
以及人體隨著年紀增長會有什麼樣的改變。
我們在本章探索構成「你」的神奇身體時，
也請你好好觀察自己吧！

人體骨骼

驚人的人體骨骼賦予我們形狀與結構。
骨骼保護我們脆弱的器官，例如心臟與大腦。
骨頭也會製造血球，甚至協助我們聽到聲音！

建構你的身體

人體內有許多精巧脆弱的器官，
例如大腦、心臟與肺臟。**骨骼**就
是用來保護它們的。人類的骨骼
是由200根以上的骨頭所構成，
有些很大，有些很小。每隻手是
由27塊骨頭構成，而每隻腳則是
由26塊骨頭構成。**頭骨**負責保
護大腦，**肋骨**則負責保護心臟與
肺臟。骨骼也提供人體支撐的架
構，幫助我們直挺挺地站著。

生物新鮮事

人體內最小的骨頭是耳朵內的鐙骨。它只有
0.3公分長，功用是幫忙將聲音傳送到內耳。

骨頭

肌肉與關節將骨頭連接在一起，協助身體移動。骨頭內含有大量鈣質與其他礦物質，它們能讓骨頭更強壯。骨頭在折斷時甚至可以自行復原。骨頭跟我們一樣，是會長大的**活組織**。組織是由一組類似的細胞構成，而細胞是身體中最小的積木。從這個觀點來看，骨頭就是由微小的骨細胞組成。

骨頭工廠

骨頭的外部有一層堅硬緻密的保護層。內部則有海綿狀的結構，以便減輕骨頭的重量。骨頭具有些許彈性，但隨著年紀增長會變得更加堅硬。許多骨頭的內部都含有**骨髓**。骨髓每天大約能製造出5,000億個血球細胞（請參考第96頁）。

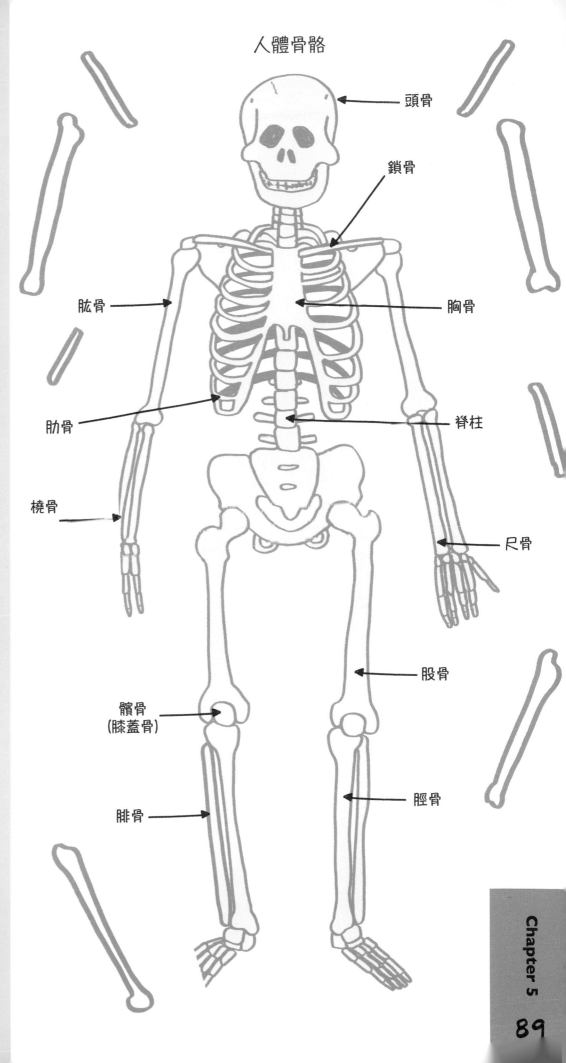

人體骨骼

頭骨

鎖骨

肱骨

胸骨

肋骨

脊柱

橈骨

尺骨

股骨

髕骨
（膝蓋骨）

脛骨

腓骨

肌肉與關節

骨骼可以支撐身體，但上百根骨頭是如何合作，
讓我們可以走路、跑步、捉取及伸展呢？
這時肌肉與關節就派上用場了。
沒有肌肉與關節，我們就只是一堆骨頭而已！

關節

有些骨頭緊密地連接在一起，例如頭骨。其他的則由關節連接起來。**滑液關節**連接骨頭，並賦予骨頭相當大的活動範圍，就像我們手臂及腿部。滑液關節保護骨頭的末端在移動時不會因彼此摩擦而產生磨損。關節中的好幾個部位會通力合作。骨頭的末端是稱為**軟骨**的平滑**組織**。軟骨被**滑液**所包圍，另外還有**韌帶**會將關節兩邊的骨頭連結在一起。

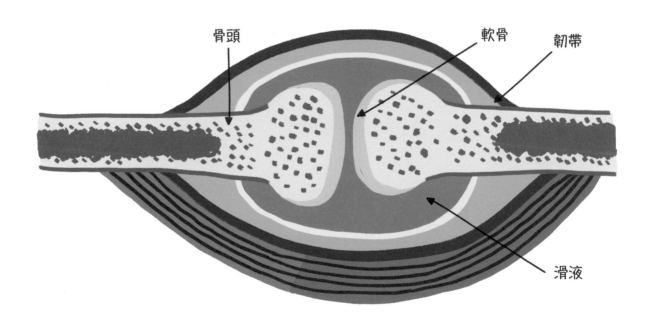

骨頭　　　　　　　　軟骨　　韌帶

滑液

肌肉

骨頭及關節還要靠著**肌肉**才能移動。有如彈力繩的肌肉以**肌腱**跟骨頭相連。

肌肉靠著**收縮**來作用。這表示它們會變短收緊來拉起骨頭。若骨頭之間有關節，肌肉收縮就會讓骨頭產生動作。但肌肉只能**拉起**骨頭。拉起骨頭的肌肉無法再將骨頭推回原位。所以聰明的人體就利用彼此相互作用的肌肉來解決這個問題，這樣兩兩一組的肌肉稱為**拮抗肌**。同一組的兩塊肌肉會往兩個不同方向運作。

舉例來說，能抬起前臂的肌肉是上臂前方的**二頭肌**與上臂後方的**三頭肌**。這兩塊肌肉分別收縮時，可以抬起或放下前臂。要抬起前臂，二頭肌要收縮，而三頭肌要放鬆。要放下前臂，二頭肌就要放鬆，變成三頭肌要收縮。

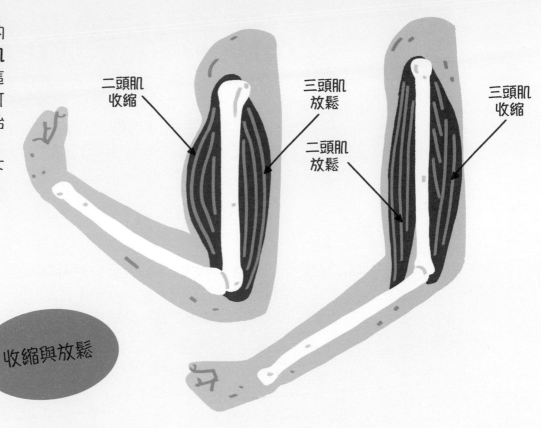

二頭肌
收縮

三頭肌
放鬆

二頭肌
放鬆

三頭肌
收縮

收縮與放鬆

合作無間

人體移動時，需要許多肌肉一起合作。畢竟人體有超過600條的肌肉！光是動動手指就得同時用上好幾條肌肉了。跑者在跑步時，需要用上手臂與腿部的肌肉，來擺動手臂及彎曲腿部。跳舞時，可能就需要用到全身上下好幾對的肌肉組合。就連一個微笑也需要用上至少10條的肌肉才能牽動嘴巴。

運作中的器官

就連在睡覺時，你身體內的器官也還是在辛勤工作。
它們各有許多不同的功能，但都有一個共同點，
那就是它們全都在幫助你維持生命！

 ## 器官

器官由一群組織構成，這些組織一同合作執行特定重要任務。以下是人體內部的部分重要器官。

肺臟：你吸氣時，氣體會進入肺臟。肺會吸取空氣中的氧氣，將氧氣置入血液中。肺也會將血液中的二氧化碳排除，將它呼出體外。

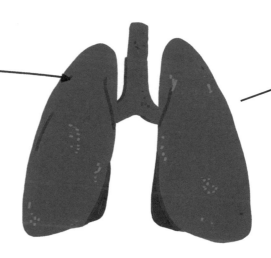

腎臟：2顆豌豆狀的腎臟是血液的過濾器。它們負責清除廢物與多餘的水分，讓身體保持完美平衡。廢物會送到膀胱，以尿液的形式排出體外。

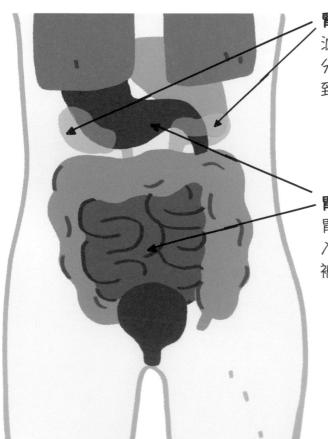

胃腸：它們是**消化系統**的部分器官。胃將食物分解成粥狀，然後食物會進入腸道，其中的水分及養分會在這裡被吸收。

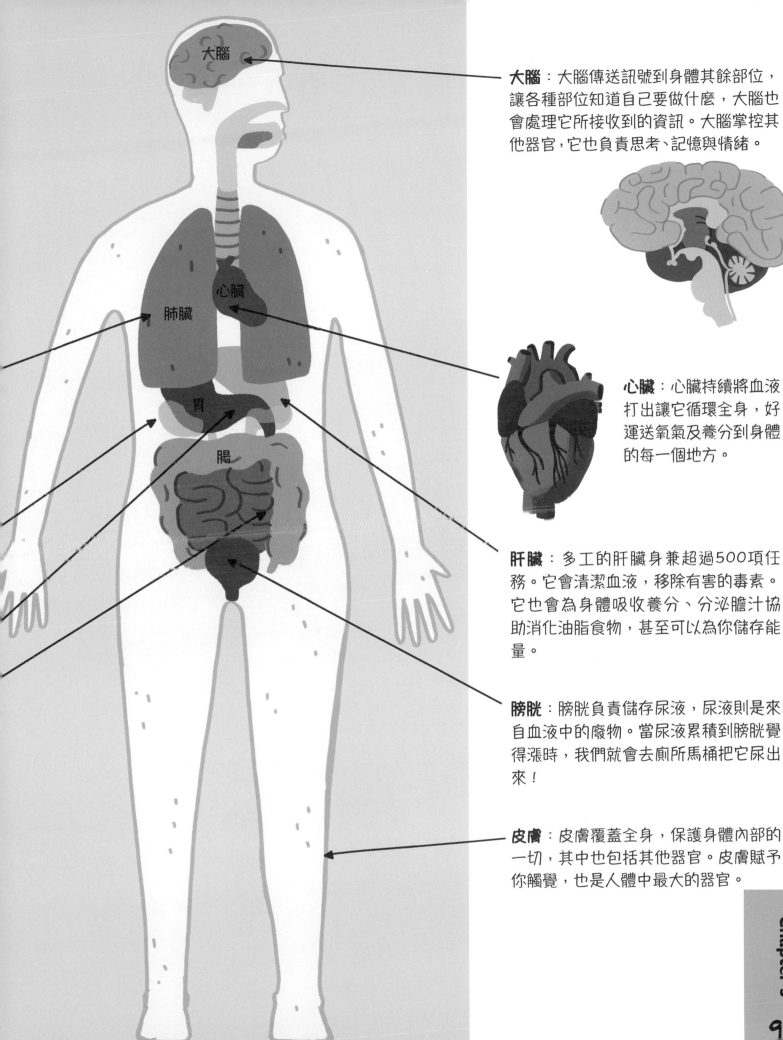

大腦：大腦傳送訊號到身體其餘部位，讓各種部位知道自己要做什麼，大腦也會處理它所接收到的資訊。大腦掌控其他器官，它也負責思考、記憶與情緒。

心臟：心臟持續將血液打出讓它循環全身，好運送氧氣及養分到身體的每一個地方。

肝臟：多工的肝臟身兼超過500項任務。它會清潔血液，移除有害的毒素。它也會為身體吸收養分、分泌膽汁協助消化油脂食物，甚至可以為你儲存能量。

膀胱：膀胱負責儲存尿液，尿液則是來自血液中的廢物。當尿液累積到膀胱覺得漲時，我們就會去廁所馬桶把它尿出來！

皮膚：皮膚覆蓋全身，保護身體內部的一切，其中也包括其他器官。皮膚賦予你觸覺，也是人體中最大的器官。

腦部功能

雖然像蛞蝓之類的某些動物沒有腦仍然可以活著，
但人類若是沒有腦的話，就不會是現在這個樣子了。
腦部可以幫助我們移動、思考、感覺、談話、記憶等等。

大腦

你在想什麼？

腦是複雜且忙碌的器官。它是
由幾百億個腦細胞構成，需
要花掉20%的身體能量來
維持運作。腦部負責許
多不同的功能，有些是
協助身體運作，像是
讓心臟持續跳動，或是
讓肌肉運動，還有控管你
的思想、情緒與感官。腦的不
同部位分別控管不同的功能。

大腦：大腦是腦中最大的部位。大腦位
於腦部外層，表面有深層的皺摺，複雜
思考與理解就是在這裡產生。大腦控制
你的個性與言語、處理視覺與觸覺，協
助你理解情緒與周遭的空間，並在你決
定移動時，下指令給其他腦部及身體部
位。

下視丘

小腦

腦幹

小腦：小腦位於頭骨後方。它會幫忙平衡並協調身體，好協助控
制肌肉與動作，讓你可以順暢移動。

腦部力量！

腦幹：位於腦部底層與脊髓上方的就是腦幹。它協助的事情是你
通常不會「想」到，但又是身體運作所需的，例如維持心臟的跳
動以及肺的呼吸。

人體神經系統

下視丘：
下視丘大約只有豌豆那麼大，但它在調節人體運作上卻扮演重要的角色。下視丘負責調節多種荷爾蒙，而荷爾蒙又是控制身體如何運作、成長與反應（包括睡眠、口渴與飢餓）等許多方面的化學傳訊者。

左腦和右腦

大腦分為2個**大腦半球**。**左腦**負責控制右邊身體的動作，而**右腦**則負責控制左邊的身體。

脊髓

神經系統

腦部是人體**神經系統**的一部分。這個系統還包括神經與脊。脊髓這條神經的「高速公路」，是貫穿全身神經網絡的關鍵部位，脊髓攜帶訊號與訊息進出腦部。脊髓甚至不需要把某些神經訊息傳送到腦部，就能自行處理這些訊息。你的手碰觸到火焰時會迅速移開的這項本能，就是由脊髓觸發，所以這種本能可以非常迅速地啟動。

血液的旅程

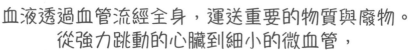

血液透過血管流經全身，運送重要的物質與廢物。
從強力跳動的心臟到細小的微血管，
每個元件都是循環系統的一部分，一起合作無間。

 ## 循環系統

循環系統或**心血管系統**的工作就是讓
血液流經全身，運送氧氣與養分，並
清除廢物。這個系統是由心臟、血管
及血液所組成。

用力打出的
生命力！

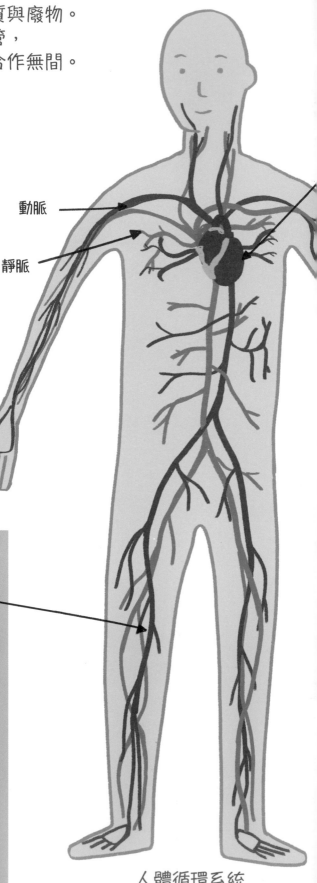

動脈

靜脈

 ## 忙碌的血液

血液就是你割傷自己時會看見的紅
色物質，它對身體來說是非常重要的
運輸系統。它負責運送各式各樣的
細胞，而這些細胞都有各自專司的工
作。像是**紅血球**攜帶氧氣到身體的每
個部位，並帶走二氧化碳。**白血球**攻
擊任何可能會造成疾病的入侵者。**血
小板**幫助血液凝結，以修復受傷部
位，或阻止血液流出體外。

人體循環系統

跳動的心臟

約莫拳頭大小的心臟，是塊強而有力的**肌肉**。心臟的右側收縮時，會將從身體流回心臟的血液打入肺中。心臟的左側收縮時，會將來自肺臟的血液打到身體去。每次**心跳**都是心臟肌肉在收縮。心臟在一天當中可以跳動超過10萬次，也就是一年會超過3,500萬次。一個人的心臟在一生當中平均會跳超過25億次。

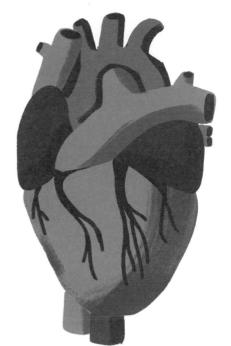

心臟

 ## 血管

血管就像是貫穿全身的道路網絡，讓血液可以從一處移往另一處。**動脈**將血液帶離心臟，運送氧氣與養分到全身各處。**微血管**是較小的血管分支，可以將血液從動脈帶到特定區域。接續就由**靜脈**將血液送回心臟。血液會循環至肺臟，以獲得更多氧氣，然後再次重複這個過程。

 ## 健康的心臟

心臟日以繼夜地努力工作，不停運作以維持你的生命。如果你消耗了比平時更多的氧氣，例如你在運動且用力呼吸，心臟就必須更用力運作才能跟上。在停止運動後，健康的心臟最終還是會回到正常的心跳速率。

食物的消化階段

盤子裡的食物很美味，外觀及味道都棒極了。
但維持原貌的食物並無法為身體帶來任何「幫助」。
食物得分解成更簡單的物質才能被身體利用。

消化系統

消化就代表要將食物分解成身體可以吸收利用的物質。**消化系統**就是一組處理食物所有消化階段的器官。**消化道**的起點是嘴巴，終點是肛門！

咬一口

食物的旅程從**嘴**開始。牙齒嚼碎食物以便吞嚥。食物接著被推入食道這個**肌肉管道**中，食道會擠壓食物，將它往下送到**胃**中。

分解

食物會在**胃**中停留數個小時，讓強大的肌肉與胃液將食物再次分解成更小的物質。這些泥狀物質接續進入**小腸**中，小腸從中吸取許多養分，再送到血液裡。

嘴

食道

小腸

協助者

胃中的**胃酸**可以協助分解食物，並除去任何有害物質。膽汁（肝臟所分泌的消化液）會協助分解脂肪。這些器官還需要**酵素**的幫助，才能好好地分解食物。酵素是身體製造的一種蛋白質，可以加速化學反應。在化學反應中，會有2個以上的物質彼此產生反應，形成新的物質。嘴裡帶有酵素的**唾液**在與食物混合時，就開始進行消化過程了。

生物新鮮事
你一生當中所分泌的唾液，足以裝滿滿滿2座游泳池！

 不耐症

身體無法分解某一類食物，就表示那個人有**食物不耐症**。舉例來說，有**乳糖不耐症**的人通常是缺乏一種可以消化乳製品中的乳糖的酵素。食物中的某些化學添加物，也可能會造成消化問題。

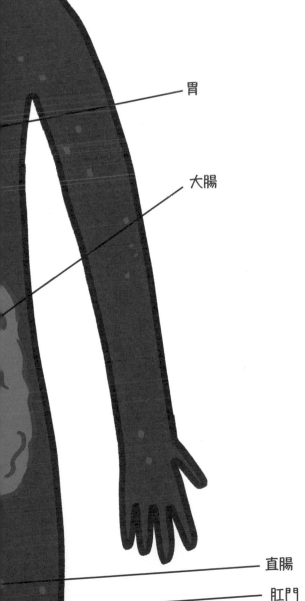

胃

大腸

直腸

肛門

 排泄

食物泥最後會來到**大腸**。大腸會吸收水分及其餘的養分，讓剩下的東西變得比較乾燥。這些廢物隨後移動到**直腸**，以糞便的形式儲存起來。最後，糞便會經由**肛門**排出體外。

感覺你的世界

感官讓我們可以感覺周遭的世界。
人體的特殊感官受器會從世界中取得資訊，並將資訊傳送到腦部。
腦部會執行感覺程序去感受周遭的世界，讓我們可以平安幸福地活著。

感官

人體有許多可以感覺到這個世界的特別感官**受器**。它們會接收什麼是甜的、熱的、柔軟的等等資訊，並將資訊傳送到腦部處理。我們有5種主要**感官**：視覺、嗅覺、味覺、觸覺與聽覺。

視覺

眼睛可以感應到陰影、形狀、亮度與距離。從物體上反射過來的光會進入眼睛中央的黑色**瞳孔**，再穿過**水晶體**來到眼睛後方。這裡有數百萬個受器收集有關亮度與顏色的資訊，然後再經由**視神經**送到腦部。腦部將這些資訊整合成圖像，就能了解眼前所看到的東西了。

嗅覺

鼻子吸氣時，氣味（化學分子）會進入身體。鼻腔中黏稠的**黏膜**會將化學分子留置在鼻子後方，讓受器傳送訊號給腦部。腦部接著就會分辨出那是什麼氣味。人類大概能分辨出1萬種不同的味道。

觸覺

覆蓋全身的**皮膚**在人體感受世界時扮演極為重要的角色。表皮下方的受器可以感覺到壓力、冷熱及疼痛。它們經由神經系統傳送訊號，協助身體對這個碰觸產生反應。舉例來說，若身體覺得冷，皮膚上的細毛就會豎起來，好留住溫暖的空氣。腳上的感官受器，比大多數的身體部位都還要多。這就是腳為什麼會這麼怕癢的原因！被搔癢時，你可能會想都沒想，就做出踢腳的反應了。

味覺

你的**舌頭**上覆蓋著數千個小小的**味蕾**，讓你能夠品嘗食物的味道。每個味蕾都是一個感官受器，可以將食物味道的訊號傳送至腦部，無論是酸甜苦鹹，還是鮮味（像肉類或磨菇的濃郁味道）。大腦會整合所有的訊號，以便了解食物的味道。嗅覺會與味覺密切合作，好讓我們能充分了解食物。這些感官幫助你享用美味佳餚，也能在食物嘗起來有問題時，對腦部提出警告！

聽覺

聲音經由**耳朵**進入身體。聲波（經由空氣或水傳送的振動）經由耳道來到鼓膜。鼓膜感應到聲波時就會振動，聲音越大，振動就越大！聽覺受器接收振動，並將它們轉成腦部訊號，這樣腦部就可以理解這些訊號了。

其他

本體感覺通常被描述為第六感。這是利用肌肉與關節中的受器，來協助你了解自己的身體在空間中的位置。沒有本體感覺，你就會不時摔跤跌倒了！

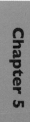

人體的變化

就像其他的生命形式一樣，人體也會隨著時間產生變化。
人會出生、長大及變老，這一路的旅程讓人感到興奮！

寶寶

爸爸媽媽的細胞在媽媽體內結合時，寶寶的生命旅程就開始了。寶寶會在媽媽的**子宮**裡待上9個月，發展成長到可以來到這個世界為止。寶寶出生後，因為還很小，所以需要仰賴爸爸媽媽提供食物、照顧與保護。寶寶成長與學習的速度非常快，他們很快就能辨認臉孔，並且用雙手、嘴巴與其他感官來探索周遭環境。

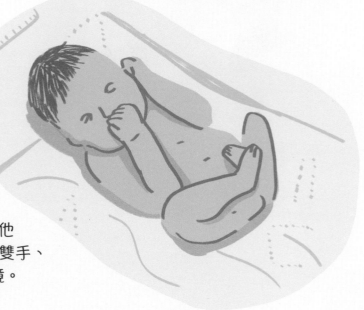

兒童

在學走路與說話的階段，學習發展依舊飛快進行。兒童聽到不斷重複的字彙時，知道的字彙就會增加，然後開始將它們與意思連結，最後就懂得使用這些字彙了！20顆乳牙在寶寶出生前就已經成形，但它們在寶寶6個月到2歲之間，才會從牙齦裡往外冒。在6歲到成年之間，乳牙會掉落，長出32顆較大的恆齒。

青少年

女孩在8到14歲間，開始進入**青春期**。男孩開始得晚一點，大約是在9到16歲之間。人體在青春期會產生改變，這時身體已經夠成熟，若有需要，就可以孕育寶寶！進入成長衝刺期的**青少年**會快速抽高，身上有些地方會長出毛髮，汗開始會流得比較多，也會長出青春痘。女孩的乳房會發育，男孩的聲音則會變得低沉。

成人

人到了21歲通常就不會再長高，這時也會擁有完整的**恆齒**。成人可以選擇組成一個家庭。一位女性的子宮裡有寶寶時，就是**懷孕**了。

老年人

成年之後再過許多年，就開始進入**老年期**。老年人的皮膚不再緊實，因此會有皺紋，他們的頭髮也會變白，或開始掉落。老年人的細胞自我修復或自我完美複製的能力較差，身體某些器官與系統的運作情況也會變得比較差。

生物新鮮事

全世界大約有80億人口，而所有人的平均年齡為29歲。

照顧身體

身體是你最重要的資產。
它為你辛勤工作，為了回報它，
你得好好照顧它，讓它始終保持強健。

 ## 健康飲食

你吃的食物會對你的身體有好的影響或壞的影響。我們必須均衡飲食才能保持健康。這代表我們得吃各式各樣的食物。

麵包與義大利麵中含有**碳水化合物**，而奶油與魚肉這類食物中則含有**脂肪**（油脂），能夠帶給你能量。魚、肉、堅果及蛋中含有**蛋白質**，它有助於新細胞的生成與肌肉的修復。蔬菜水果中含有**維生素**與**礦物質**，可以讓你保持健康強壯。

飲食要適量！

攝取這些營養的重點在於要適量。其中一些營養成分若是攝取過多會讓人生病。食用太多脂肪會導致**肥胖**。這代表你擁有的脂肪比你身體需要的還多，並且對你的身體造成額外負擔，像是心臟及肺臟就要更辛苦地運作。沒有攝取足夠的維生素與礦物質會讓你的身體變得虛弱，在執行日常工作程序時更加辛苦。你每天都應該吃好幾份蔬菜水果，喝大量的水，因為身體內的每個細胞都需要水。

保持運動習慣

規律運動對身體有多方面的好處。運動得越多，**肺活量**就越好。這表示會有更多的氧氣進入身體裡。運動也有益心臟健康，因為運動可以增強耐力，改善血液循環。運動還有助於鍛鍊肌肉，保持頭腦敏銳，甚至可以增加**幸福感**。

抽菸的影響

抽菸對健康的害處非常大。香菸含有焦油、尼古丁及一氧化碳等**有害物質**。這些物質會黏在肺部造成損害，導致肺臟運作起來更加辛苦。這些物質也會損害心臟。尼古丁會使心跳加速、血管變窄，讓血液與氧氣更難通過。而且尼古丁非常容易讓人**上癮**，一旦你開始抽菸，就很難戒掉了。

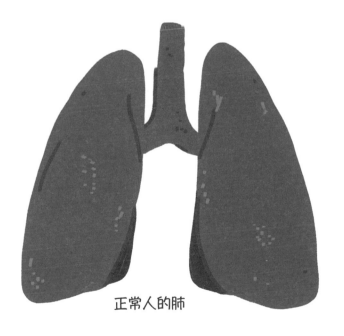

正常人的肺

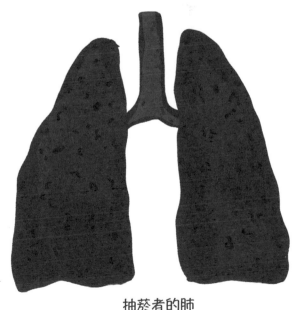

抽菸者的肺

有害行為

像酒精與毒品等其他物質，對身體也有不良的影響。它們會**損害**包括肝臟、心臟與腦部在內的各種器官。有件很重要的事情你一定要知道：進入身體裡的所有東西，都會對身體產生影響。記住這一點，你的身體將來會感謝你！

生命的過去、 現在與未來

在地球宏大的歷史中，人類只存在非常短暫的時間。
早在人類出現之前，
地球就存在著一段豐富的歷史，
等著我們去探索。
地球上的生命是如何開始的？
生命又是怎麼隨著時間改變與演化？
下一步又會往哪裡去？

演化生物學是研究演化的過程，
正是這樣的過程造就了許多今日世界上存在的生物。
讓我們在本章中穿越時間，
探索一切的起點與來來去去的物種，
以及是否只有我們孤獨地存在這個廣闊浩瀚的宇宙中。

演化論

科學家檢視數千或數百萬年前的化石，
發現物種會隨著時間產生變化。
為了了解這些變化產生的方式與原因，生物學家努力了一個世紀。

達爾文

演化是生物隨著時間在地球上發展的漸進過程。1858年，英國自然歷史學家暨地質學家**達爾文**提出了**天擇**理論，他認為這是造成演化的原因。一年後，他發表了《物種原始》一書，開始討論演化。他的想法在當時受到挑戰，此後也有進一步的發展，但仍然是現代演化理論的基礎。

天擇

大自然是殘酷的。動物、植物與其他生物都要競爭才能生存下去。最能**適應**環境的物種在其他物種滅絕時，還能夠生存與繁衍，這樣的過程就叫天擇。天擇的發生需歷經一段很長的時間。較能適應環境的生物能夠存活到生下後代，將牠們的**基因**傳承下去（基因就像是細胞的使用說明書，可以賦予牠們鋒利的牙齒或厚實的皮毛），而繼承強大基因的幼體，甚至更能適應環境。相反地，適應力較差的動物通常未能長成成體便死亡，牠們的物種最終就會滅絕了。

🦴 讓人大開眼界的島

達爾文花費了許多年的時間探索世界，並研究數百種動植物。他在**加拉巴哥群島**（太平洋上的群島）時，注意到野生動物身上有某些重要的小差異。舉例來說，某些島上的雀鳥有著尖尖的嘴喙可以啄蟲子吃。有些雀鳥則有較圓的嘴喙可以壓碎種子。達爾文意識到每種雀鳥都是由同一原生雀鳥演化而來，牠們為了適應棲地所能取得的食物，發展出不同的特徵。達爾文的天擇理論就此誕生。

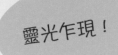
靈光乍現！

達爾文雀

🦴 隨著時間改變

演化發生需經過數百萬年的時間。當一個物種適應良好，它的強大特徵就會遺傳給下一代。當這些**特徵**逐漸佔了上風，這個物種就會產生變化，最終就可能演化出全新的物種！舉例來說，我們知道現今的鯨魚有著龐大的身軀與巨大的魚鰭……但你知道現代鯨魚是從用四隻腳走路的祖先演化而來的嗎？大約在5,500萬年前，有一種名為**巴基鯨**的動物居住在陸地上，牠們有時會以魚類為食。經過數百萬年的時間，巴基鯨演化出可以在水中控制方向且更為強壯的尾巴，而牠們的腳也變成了魚鰭！

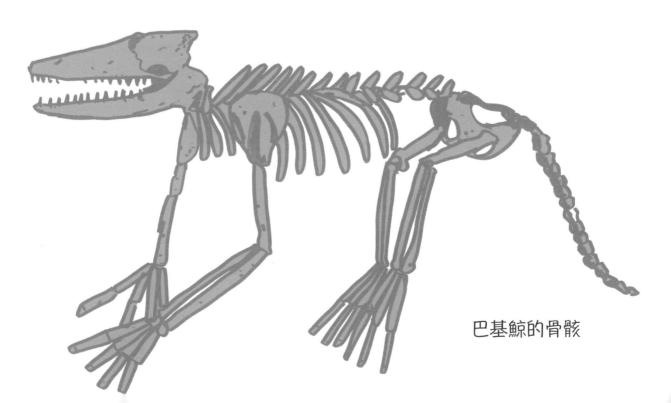

巴基鯨的骨骸

穿梭時光

從微小的有機體到巨大無比的生物，
位在太陽系的地球在它的生命歷程中，見證了許多物種的出現與消亡。

38億年前：
最早的生命出現了！它們是生活在海洋中的單細胞生物。經過數百萬年的時間，它們開始在水與大氣中產生氧氣。

15億年前：
更多的複雜細胞開始在海洋中形成，它們具有功能各異的內部構造。

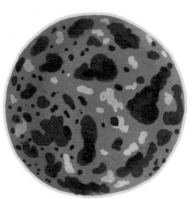

45億年前：
地球形成，但跟我們今天所知的地球完全不同。它的地表是灸熱的融岩。經過一段長時間後，地球才冷卻並下起雨來，創造出海洋。

3億9,500萬年前：
四隻腳的動物出現了。牠們是兩棲類，可以在水域與陸地之間移動。

3億1,200萬年前：
兩棲類演化出爬蟲類。大約在8000萬年後，演化出一種稱為恐龍的爬蟲類。

1億5,000萬年前：
一種有羽毛的小型恐龍演化成鳥類。鳥是今天唯一一種還存活的「恐龍」。

6億6,500萬年前：
第一種動物——簡單的無脊椎動物在海洋中演化出來。

5億2,000萬年前：
脊椎動物出現，牠們是簡單且沒有下頜的魚類。

5億4,000萬年前：
某些無脊椎動物開始長出外殼。

10億年前：
多細胞生物開始出現。

生物新鮮事

如果你將地球的歷史壓縮到24小時，人類就幾乎是在最後1分鐘才出現！所以在我們出現之前，地球還有很長一段歷史。

6,500萬年前：
恐龍因為巨大隕石的撞擊而滅絕。再經過數百萬年的時間，哺乳動物成為壯大興盛的族群。

35萬年前：
現代人類演化出來，我們是400到700萬年前的類人猿後代。

過去的線索

人類只在地球上存在很短的時間。
因此，我們要怎麼知道人類出現之前發生了什麼事呢？
還好地球本身以及它的許多住民都留下了線索，
讓科學家得以想像出過去的世界是什麼模樣。

植物化石

完美保存

生物死亡後，它們的身體通常會隨著時間而腐化消失。但有時它們的遺骸恰巧被完整地保存在地面下。這些史前生物的遺骸或痕跡就稱為**化石**。經過數百萬年的時間，這些遺骸變硬，而周圍的泥土或沙子也變成了岩石。也有些化石是在琥珀樹脂、焦油或冰塊中發現。目前發現年代最久遠的化石可追溯到**34億5,000萬年前**。

 ## 化石會說話

絕種的動物可以透過牠們遺留下來的化石，告訴我們一些事。舉例來說，腳印與恐龍骨頭可以揭露這些神秘動物的身型大小，甚至可以解釋牠們以什麼為食，如何移動。按照時間順序檢視化石，我們還可以發現生物如何演化。雖然**三葉蟲**在幾億年前就已經滅絕，但這類小型的有殼動物在海洋中存活了將近3億年。研究三葉蟲化石，可以讓科學家知道隨著時間過去，牠們在地球上產生了什麼樣的變化。研究同一區域中的不同植物化石，還可以讓科學家知道地球過去的樣貌。

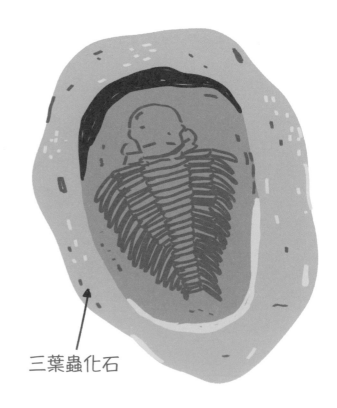

三葉蟲化石

發現化石

人們是經由走過裸露的岩石或挖掘土地，發現許多化石。北美洲的農民就是在從事日常農務時發現了暴龍的骨頭！**古生物學家**研究成為化石的動植物。他們揭開並研究過去的歷史細節，嘗試了解過去可能發生過的事情與原因。

好棒的發現！

古生物學家

瑪麗‧安寧

瑪麗‧安寧於1799年出生於一個貧窮的家庭。她居住在英國南部現今被稱為侏羅紀海岸的附近地區。她從小就會花時間尋找化石，並邁力挖掘出來。她是第一位發現魚龍這種海洋爬蟲類，還有首副完整蛇頸龍骨骼的人，她甚至還發現了翼龍。當時她因為受限於女性的身分，所以即便她有諸多發現，也並未獲得什麼榮耀。不過今天，大家都知道她對科學做出了巨大貢獻。她甚至也是**糞化石**的研究先驅。

生物新鮮事

我們常認為化石指的是動植物的遺骸，但動物所留下的痕跡，例如腳印、住所、甚至是糞便，都可能在數百萬年後被發現。石化的糞便就稱為糞化石。

傳給下一代

生物的特徵經由親代傳給子代，才能發生演化。
無性生殖（複製單一親代）的生物，
只有在複製過程出錯時，也就是發生突變時，才會產生變化。
但擁有雙親代的生物，可以簡單快速地混合與配對出特徵。

遺傳

寶寶出生時會**遺傳**到父母的特徵。這些特徵包括眼皮、髮色與身高。因為寶寶是成長自父母雙方的細胞，所以他們會有綜合的特徵，有些部分像媽媽，有些部分像爸爸。

孩子身上會有來自父母的特徵

114

變異

所有生物都會將特徵遺傳給下一代。但子代不會全都長得一模一樣。**變異**會讓子代之間有所差異。你跟兄弟姊妹各自會擁有你父母特徵的不同組合。從同一物種的角度來看，你與全世界的其他人看起來都很類似（都有兩條腿、聰明的大腦等等），但彼此之間還是存在變異。有些人的眼睛是藍色的，有些人是棕色的。有些人很高，有些人很矮，還有些人介於兩者之間。

產生變異以求生存

變異代表同物種的生物彼此間會有所不同，牠們不會全都長得**一模一樣**。變異來自混合親代的基因以及突變，且有時會略微改變生物的特徵。有時某種特徵會比另一種特徵對生物更有幫助。在冰天雪地中，天生毛色較淺的動物更有利生存，因為這有助於牠躲開掠食者。這隻動物會成功存活並繁衍，將基因傳遞給下一代。久而久之，會有更多的動物擁有淺色的毛皮。隨著時間過去，這樣的變異將有助於物種適應環境變化。

變異造成演化

隨著時間推移，每個新世代間的變異就會帶來演化。當一個物種經過演化而發生極大的改變時，例如牠可能會有翅膀而非手臂，有羽毛而非鱗片，有嘴喙而非牙齒，這時我們就能稱牠們是完全不同種類的動物，是一隻鳥而不是恐龍了！變異造就出地球上現有數百萬種不同的物種！

適應世界

在競爭的自然界中，物種必須為了生存而戰。
為生存而戰不見得是指實際發生衝突，
有時是指找到一個食物競爭較少的棲地。

適應

時間久了，物種會越來越適合在自己所處的環境中生存。這就是所謂的**適應**。生物也會適應環境中其他生物的到來，牠們可能會長得大一點，或是牙齒變利一些，好對抗體型較大的掠食者。經過數個世代的繁衍，動物可能會移居到較不擁擠的棲地，像是樹冠或地洞，好避開競爭。慢慢地，物種就會適應新環境，演化出可以飛翔的翅膀，或是可以挖洞的大掌。

完美適應！

我們仔細觀察就能看出每種動物如何適應環境！北極熊經過長時間的演化，長出了厚厚的毛皮來適應寒冷的極地。另一方面，身在陽光普照的炎熱大地上的大象，可以用牠們身上的細毛以及可以搧風的大耳來幫自己降溫。植物也會適應周遭環境。仙人掌就非常適應自身所處的沙漠。仙人掌長長的根可以從遠處收集水分，而厚厚的莖讓它可以比其他許多植物更能長久儲存水分。

大耳狐

🌵 三隻狐狸的故事

狐狸是哺乳動物。不過狐狸有數十種，且各有各的棲地。像**大耳狐**就有著獨一無二的外貌。牠大大的耳朵能幫助牠在炎熱的沙漠中散熱降溫。住在酷寒北極的**北極狐**，就不需要上述特徵。相反地，為了適應環境，牠的腳掌上也有長毛，好讓牠的腳保持溫暖，也能避免在冰上滑倒。還有一另種名為**紅狐**的狐狸，則是已經適應到能夠機靈地在農場及城市等人類環境中找到食物。

紅狐

北極狐

🌵 適應變化

一個物種會適應環境，在牠居住的世界中生存下去。但若是牠們的棲地發生變化呢？若是北極熊的棲地變熱，使得牠不再適合居住在現在的家園，牠就很難生存下去。物種必須適應得夠快，才能在不斷變化的家園中生存，不然就得搬到新的地方去。

如何生存

所有生物都會演化出自己特別的生存策略。
有些會打鬥，有些會躲藏，還有些會演化成一同合作，
以便在殘酷的自然界中求取最大的生存機會。

為生存而戰

為了生存，每種生命形式都必須找到能量與其他所需的資源。單一物種的存續取決於
個別生物求取生存，以及將基因傳給下一代的能力。隨著時間過去，環境中的變化、
其他更強的物種出現，或是缺乏資源，都可能使一個物種消失。能夠成功存活的生物
已經發展出生存在這個世界的最佳特徵與策略，這就是經由天擇所得出的結果。所有
演化都是由天擇推動。

生育後代

每種動物都有生育後代並將基因傳承下去的本能。但若是最能適應環境的動物可以生
育最多的後代，那麼這個物種就會受益，因為牠們能將最強大的基因傳承下去。在大
多數的物種中，較為強壯健康的個體確實會更頻繁地生下後代。舉例來說，雌孔雀偏
愛身上華麗尾羽有許多亮麗眼狀紋路的雄孔雀，因此孔雀的尾羽就會越來越大。

孔雀

防禦措施

不擅長打鬥的生物知道自己無法打贏更大更強的動物，所以牠會採取**防禦**措施，盡可能地避免衝突。有些動物會以偽裝的方式躲避掠食者，有些則運用巨大堅硬的外殼來保護自己，還有一些會用毒液或尖刺來嚇跑攻擊者。甚至連植物也會使用這些技巧。舉例來說，仙人掌有尖刺，可以防止草食動物把它吃下肚。

合作

有些生物發現牠們不需要跟其他物種競爭。相反地，牠們可以**一起合作**，讓彼此都能生存。舉例來說，樹懶與藻類就有著雙贏關係。藻類長在動作緩慢的樹懶毛皮上，幫助樹懶在樹上偽裝，也供給牠養分。如此一來，藻類也有地方可住。除此之外，有些蛾也會住在樹懶身上，以藻類為食。所有參與的生物都能從這種親密關係中得到益處。

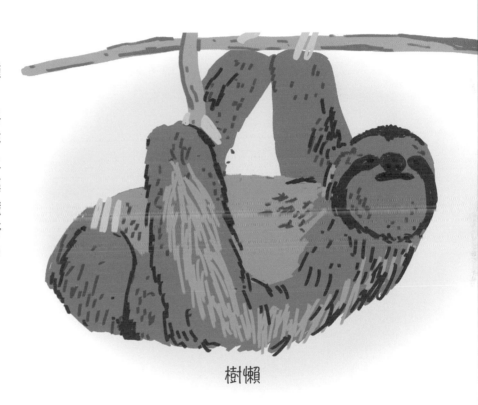

樹懶

挪威旅鼠

遷徙

有時最好的生存方式就是搬家。有些生物經常搬家，這是牠們生存模式的一部分。牠們會隨著季節**遷徙**，搬到較熱或較冷的地方。有些生物則只在環境發生變化時遷徙，因為牠們需要改變以求生存。如果空間**太過擁擠**，有些挪威旅鼠就會脫離家族，組成較小的群體到新的地方繼續尋找食物。

瀕臨絕種

雖然每種生物都努力在求生存，
但遺憾的是，有些物種最終還是可能會消失。
面對更強的物種以及世界的變化，這些物種的數量漸漸變少，
然而就算少了牠們，這個世界依舊仍會運轉。

消失的過程

一個物種沒有任何個體存活時，就是**滅絕**了。這就是發生在恐龍身上的情況。**渡渡鳥**則是在17世紀時絕種的。這種鳥住在印度洋模里西斯島上。人類於1598年到島上定居後，很快便摧毀了渡渡鳥棲息的森林。渡渡鳥是種動作緩慢且不會飛的鳥，所以牠無法逃脫獵人之手，也無法逃離人類帶來的鼠類與狗兒。在發現渡渡鳥的100年內，這整個物種就消失了。

渡渡鳥

發生了什麼事？

造成物種滅絕的原因很多，其中一大主因來自與其他物種的**競爭**。如果有兩個物種要爭奪同樣的食物，那麼結果不是其中一個物種為了適應去找新的食物來源，就是弱的那一個物種滅絕。這就是天擇的作用。棲地發生**變化**也會影響物種生存的機會。這變化可能是有新的掠食者出現、氣候產生變化，或是突然發生天然災害。最後要提到的是，隨著**人類**掌管地球的區域越來越大，我們將會對其他物種的命運產生巨大的影響。

瀕危物種

若有個物種有滅絕的危機，那麼牠／它就是瀕危物種。舉例來說，當某個物種的棲地變小，這個物種就可能有滅絕的危機。人類為了開發土地與發展農業而砍伐森林時，就會破壞野生動植物賴以維生的家園。**猩猩**就是極度瀕危的動物。牠們只住在婆羅洲島與蘇門答臘島上的熱帶雨林中，而人類卻為了開發農地砍伐那兒的雨林。

紅毛猩猩

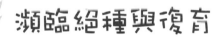

大貓熊

瀕臨絕種與復育

一個物種瀕臨滅絕時，**保育人士**及科學家通常會伸出援手。他們會幫忙在控制良好的環境中培育更多的物種，並保護牠們的家園。**大貓熊**被認為已經瀕臨絕種，但幸好有保育人士伸出援手，牠們的數量正在緩慢增加中。

復活

就像種子可以儲存起來留待以後再種植一樣，動物的DNA也可以冷凍起來，供未來使用。但這也讓科學家起了爭執。理論上我們可以用滅絕物種的DNA讓牠們活起來，但我們真的可以這麼做嗎？

尚未發現的新事物

我們所居住的世界廣大又多元。
地球上仍有些地區有待探索，而我們也不斷發掘出新的物種。

數百萬個秘密

在地球上，已經命名的物種大約有180萬種。但科學家相信還有無數個物種尚待命名！
每年都會發現新的物種。除此之外，有些物種仍有待分類與命名，因為科學家還在思考
牠們是現有物種的變體還是全新物種。

牠會是新物種嗎？

令人驚奇！

2003年時，人們首次在非洲坦尚尼亞發現罕見的**奇龐吉猴**。在那之前，人們一直認為牠是想像中的動物。發現奇龐吉猴時，人們認為牠與狒狒相似，卻也特殊到足以自成一個物種。牠們可說是前所未見的動物！遺憾的是，奇龐吉猴現在被列為**瀕臨滅絕**的動物，科學家們正在努力保護牠們。

🪸 新資訊

每當發現新的物種，就會為我們生活的世界帶來新的**資訊**。人類幾乎沒有到過海洋深處，那是少有探險者去過的地方之一。這代表人類對這個黑暗寒冷的地方所知有限。人們常以為沒多少生物可以活在海洋深處，但近來的發現卻證明並非如此。那裡已經發現好幾種無脊椎動物（主要是蠕蟲），這表示生命已經在海洋深處存在了數百萬年，並且演化成不同的**新物種**。

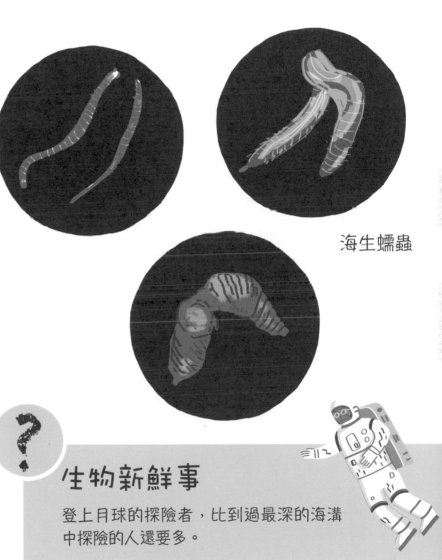

海生蠕蟲

❓ 生物新鮮事

登上月球的探險者，比到過最深的海溝中探險的人還要多。

🪸 意外的發現

每年都會發現數千個新物種，其中有許多是在雨林及海洋中被發現。科學家會在這些區域小心研究探索，但他們有時還是會在我們的家園附近**意外**發現一些新物種！2007年，有群研究人員在美國喬治亞州迷路時，發現了一種後來被稱為斑鼻蠑螈的全新物種。研究人員在溪邊的一些樹葉下翻找時，發現了一隻他們從沒見過的蠑螈。所以，永遠不要停止對周遭世界感到**好奇**。你永遠不知道你會發現什麼！

地球之外的生命

如果光是地球上就有數百萬個物種，
那麼浩瀚的宇宙中會有什麼生物存在？
這是科學家每天都在思考探索的問題。

真的有其他生物嗎？

地球的環境已經發展到可以**完美平衡**地提供維持生命所需的陽光、氧氣、大氣與養分。但不是每個星球都有這樣的環境。有些星球太熱或過冷，有些星球的環境則不利於生物存活。科學家已知太陽系外大約有50顆或許有合宜**生存環境**的行星，但截自目前為止，還沒有發現到任何外星生物。這並不代表外星生物不存在！毫無疑問地，其他行星可能也有適合生物生存的環境，我們只是對它們一無所知。宇宙是如此廣大，還有很多事物尚待我們去發現。

我們的太陽系

地球的鄰居

地球旁有顆與它相近卻又截然不同的太陽系行星。科學家一直以來都關注著**火星**，首先他們想知道，火星上是否曾經有過微小生物，再來他們也想知道，是否有任何地球上的生物可以在火星上生存。火星比地球寒冷，輻射也很強，但科學家認為那裡可能曾經有水，讓它看起來很像早期的地球。火星地表下甚至可能有水，那裡會不會也藏著微小的細菌呢？科學家送了火星探測器去探索與偵測火星土壤，想看看是否有過去或現在的生物存在其中。

火星探測器

☀ 遷徙中的生命

在2000年代早期，科學家開始在地球之外的地方實驗種植食物。科學家從2002年起，就在**國際太空站**上試著種植植物，並從2010年起，開始種植可以作為食物的作物。科學家持續測試灑水系統與艙內環境，想利用火星上貧瘠的火山土壤種植豌豆、韭蔥和番茄等食物，讓夢想成真。如果我們可以在太空中生產食物，就表示探索的旅程可以持續更久。只要太空人可以持續種出需要的食物，那麼就無需再儲存那些終究會消耗完的食物了。

令人振奮的是，隨著科學日新月異，可以創造與發現更多新生命的**可能性**越來越高。你覺得在你有生之年還會有什麼發現呢？

詞彙表

4畫

內骨骼：位於動物體內的骨骼。

分類：依照生物的相似性將其歸類到同個項目中的方式。

化石：史前生物的遺骸或痕跡，通常是保存在岩石之中。

化石燃料：從幾百萬年前的生物遺骸所形成的燃料，如煤炭或石油。

天擇：最能適應環境的物種在其他物種消亡時，還能夠生存與繁衍的過程。

5畫

去氧核糖核酸 (DNA)：在細胞中儲存基因訊息的化學物質。

古菌：已經存在很久的一群微生物。有許多古菌能在惡劣的環境中興盛繁衍。

外骨骼：位於動物體外，提供堅硬外殼的骨骼。

生育：交配與產生下一代。

生物：包括動物、植物、真菌及單細胞等生命形式在內的生命體。

生物多樣性：一個星球上或一個特定區域中所具有的各式生命。

生物群系：適應某一特定氣候或地域的大型生物群體。

生物學家：研究生物的專家人士。

生態系統：在單一棲地中互動的生物與非生物社群。

生態學：研究生物在環境中彼此如何產生關聯的生物學分支。

6畫

光合作用：植物利用陽光從水及二氧化碳中製造出糖的過程。

再生能源：來自不會耗盡的能源，例如太陽能或風力。

8畫

受精：雄性與雌性細胞結合以產生下一代。

物種：可以共同繁衍後代的相似生物所組成的群體。

9畫

染色體：大多數真核細胞的細胞核中會存在的一種緊密盤繞的DNA鏈。染色體帶有基因。

食物鏈：吃與被吃的一連串動植物。

原核生物：一種沒有明顯細胞核或細胞膜的微小單細胞生物，例如細菌與古菌。

10畫

氣候：一個地區在一段長時間中經常會出現的天氣狀況。

消化：將食物分解成身體可利用物質的過程。

病毒：一種需要控制活體細胞以進行自我複製的傳染性生物。病毒會造成疾病。

真核生物：這種生物的細胞具有細胞核，也具有細胞膜可以包覆細胞中的個別構造。

11畫

動物學：研究動物與動物生命的一門科學。

基因：可以決定生物特徵的DNA片斷。

掠食者：以其他動物為食的動物。

授粉：傳播花粉好讓植物繁衍的過程。

細胞：組成所有生物的最小基本單位。

細胞核：真核細胞的中心部位，負責控制細胞的功能以及儲存DNA。

細菌：沒有細胞核的微小單細胞生物。有些細菌會造成疾病，有些則對我們有益。

組織：一組相似的細胞。

蛋白質：對生物生長與修復非常重要的一種化學物質。

12畫

棲地：動植物或其他生物在自然中的原生環境。

植物學：研究植物的科學。

植物學家：研究植物的專家人士。

絕種：一個物種的完全毀滅，也就是這種生物全都消失。

13畫

微生物：小到只能經由顯微鏡觀察的生物，例如細菌。

微生物學：研究微生物的一門科學。

溫室效應：太陽的熱滯留在大氣中，接續造成地球的溫度上升。

解剖學：觀察人類、動物與其他生物身體結構的一門科學。

14畫

演化：地球生物歷經數億年的改變與發展的過程。

15畫

養分：提供營養、支撐生物生長及運作的物質。

適應：一個物種為了能在環境中生存得更好，隨著時間過去而產生變化。

遷徙：按日或季節從一地移動至另一地。

16畫

器官：可以一同合作執行重要特殊工作的一群組織，例如心臟及大腦。

遺傳：從親代傳給子代的特徵。

18畫

獵物：被其他動物獵捕吃掉的動物。

19畫

瀕危：有絕種危機的物種就是瀕危物種。

23畫

變異：同個物種中，個體之間在特徵上的不同之處。

索引